もう原発はいらない!

【取材・インタビュー・構成】

郡山昌也・大野拓夫

ほんの木

目次

まえがき1　いのち・モラル・社会を壊す原発は「いらない」……6
まえがき2　どうして今、緑の政治なのか？……9

第1章
すべての原発を廃炉《ハイロ》へ　緑の政治を生み出そう……13
対談「子どもたちを放射能汚染のリスクから守りたい」それが、この本の出発点　郡山昌也&大野拓夫……14

第2章　インタビュー
「脱原発」「緑の人々」「緑の政治」……29
武藤類子さん（福島原発告訴団 団長　ハイロアクション福島原発40年実行委員会）
福島で起きていること、起きたこと、1986年から……31

伊藤恵美子さん（子どもたちを放射能から守る全国ネットワーク事務局）
緩《ゆる》やかなネットワークを生かし、子どもたちを守りたい！……41

池座俊子さん（東京・生活者ネットワーク代表委員）
中村映子さん（東京・生活者ネットワーク前事務局長・原発都民投票）
『原発』都民投票条例直接請求を実現した東京・生活者ネットワーク……51

吉岡達也さん（ピースボート共同代表、脱原発世界会議実行委員長）
脱原発世界会議を成功させたピースボートの次の一手……68

小野寺愛さん（ピースボート子どもの家代表）
人々の世界観に働きかけられるピースボート、やっていてよかった……80

すぐろ奈緒さん（「みどりの未来」共同代表）
宮部彰さん（「みどりの未来」副運営委員長）
2012年7月、「緑の党」結成の「みどりの未来」が目指すもの……89

中沢新一さん（グリーンアクティブ代表　人類学者　明治大学野生の科学研究所所長）
グリーンアクティブ運動と脱原発、そして緑の政治の結集……108

マエキタミヤコさん（グリーンアクティブ「緑の日本」代表）
民主主義が故障している日本に、議員と市民を動かす政治を！……119

小島敏郎さん（エネシフジャパン　青山学院大学教授）
政治と行政に意見を反映させ、議論の場でタブーを破る……126

第3章　インタビュー
脱原発「緑の政党」への期待……147

白井和宏さん（緑の政治フォーラムかながわ　世話人）
「緑の政治ガイドブック」訳者
市民社会の監視がないから「原子力ムラ」が生まれた！……148

第4章
脱原発・一票一揆《いっぴょういっき》！　緑のネットワークで選挙に挑《いど》もう……177

再び対談　脱原発、緑の市民の力を一つに結集しよう！……178

大野拓夫&郡山昌也

緑の党は悪しきグローバリゼーションと闘う政党
「原発優先社会」から転換するには
市民社会と緑の政治　世界と日本は今……
「緑の政治のネットワーク」が動き出した
アンフェアな日本の選挙制度、これがネック
緑のイカダとは？　緑が一つに連帯すること
多様なグループが選挙で脱原発のイカダを組む
市民による市民のための緑の政治を！
「脱原発」実現のために市民による緑派の大結集を！

あとがき1　この本が目指したものは、緑の政治で新しい世界をつくること …… 196
あとがき2　既存の官僚や政治家に任せてはダメ
市民による脱原発・緑の政党が不可欠 …… 201

御礼に代えて　ほんの木「もう原発はいらない」編集部
お読みになった皆様へ「脱原発、緑色のさしこみハガキ、ご活用のお願い」
少し長いプロフィール

カバー表4　官邸前空撮・野田雅也（ＪＶＪＡ）
その他写真　郡山昌也、大野拓夫
高橋利直、柴田敬三
ブックデザイン・渡辺美和子

まえがき1

いのち・モラル・社会を壊す 原発は「いらない」

「再稼働・反対！」。２０１２年６月29日の18時過ぎ、首相官邸前のデモに参加するためにやって来た国会議事堂前の駅を出て地上にあがると、大勢の人たちで、官邸前に続く道路の歩道が溢《あふ》れていました。７月１日に強行されようとしている大飯《おおい》原発の再稼働に反対するために集まった人たちです。そこにいたのは、数万人の本当に普通の若い人たち、会社帰りのサラリーマン、子どもを連れたお母さんから年配の方々まで…。昨年（２０１１年）９月の明治公園での６万人デモにも増して現場には不思議な昂揚《こうよう》感が！「再稼働反対」の民意を官邸に陣取る最高権力者に直接伝えようという民衆の想いが創りだした「解放区」のような自由で熱いエネルギーを感じました。

昨年の「アラブの春」ではエジプトのタハリール広場が、アメリカの「ウォール街占拠」運動ではニューヨークのズコッティ公園がその舞台になりました。この日はチュニジアの「ジャスミン革命」にちなんで「紫陽花（あじさい）革命！」、

「野田政権・打倒!」などのプラカードも見えました。

チェルノブイリ原発事故が起きる前の1981年には、旧西ドイツで核ミサイル配備に反対する何万人ものお母さんたちや若者、市民が街に出てデモに参加したといいます。その参加者が手に手にある本を持っていたそうです。世界的なファンタジー作家、ミヒャエル・エンデの『モモ』や『果てしない物語』です。エンデの作品は大人が読んでも十分に堪能《たんのう》できる文学としても高い芸術性を持っていますが、物語を通じて「戦争をも商売にする」ような行きすぎた資本主義社会を批判する側面もあるからです。

「原発(から出るプルトニウム)と原爆(核ミサイル)と」には深いつながりがあります。昨年の福島原発事故を受けて、ドイツで行われた25万人のデモに参加した人たちがエンデの本を持っていたかどうかは知りませんが、そのドイツで2002年の社民党との連立政権時代に緑の党が「脱原発政策」を決めました。緑の党を1970年代に創設したグループの一つは、エンデも学んだシュタイナー教育運動で知られる人智学(シュナイター思想)グループの人たちでした。偶然にも、2011年5月に福島県飯舘村の視察にご一緒したドイツ緑の党原子力政策責任者のジルビアさんも、子どもをシュタイナー学校に通わせたと聞いて驚きました。エンデの大ファンだった僕も、英国にある関連のエマーソンカレッジに留学していたからです。なんだか、ご縁を感じました。

この本、『もう原発はいらない――脱原発・守れ子どもの「いのち」と未来。緑の政治ネットワークで一票一揆だ！』は、大飯《おおい》原発から始まる「再稼働の連鎖」を止めるにはどうすればいいか？　そして原発のない「緑の社会や政治」をつくるにはどうしたらいいかを、実際に活動してこられた皆さんにインタビューさせていただいた本です。チェルノブイリの事故直後から、ずっと脱原発運動に取り組んできた福島の女性たち。子どもたちを放射能汚染から守るためにつながる全国ネットワークのお母さんたち。原発署名32万筆を集めた「原発都民投票」をリードした皆さん。世界数十カ国から第一線の関係者を集めて「脱原発世界会議」を成功させた国際交流NGOの皆さん。脱原発に不可欠な「再生可能エネルギー法案」の成立に貢献したアドボカシー（政策提案）団体。「緑の党」設立を目指す地方議員と市民のグループや研究者・文化人ネットワークなど、「脱原発といのちを大切にする緑の社会」を目指して活動する皆さんに、本当に貴重な経験とお話を聞かせていただきました。

　その結論は、市民による「脱原発・緑のネットワーク」を組むことができれば「再稼働の阻止と脱原発は可能だ！」（※世界社会フォーラムのスローガンにちなんで）ということです。子どもたちの「いのち」と未来を守るために動き出すのは今しかないのかもしれません…。

Masaya Koriyama

郡山昌也

国際有機農業運動連盟（IFOAM《アイフォーム》）前世界理事。元らでぃっしゅぼーや（株）広報次長。ドイツ、イギリスのオーガニック農場に学ぶ。ロンドン経済政治大学院グローバル政治学修士。早稲田大学大学院修士（比較環境政治）。同博士課程在学中。大学講師。英国エマーソンカレッジ卒業。福島原発事故をきっかけに、日本での「緑の党」設立に奔走《ほんそう》してきた。

まえがき2

どうして今、緑の政治なのか？

　社会を変える必要がある。そうは誰もが思っても「政治を変える」と言ったとたん、多くの人が限界を感じてしまいます。「政治は遠いもの」という意識が蔓《まん》延《えん》しているからでしょうか。この国では政治とは何か、民主主義とは何かという議論も、十分にはされて来ませんでした。そのために「政治は為政者の権力争い」「民主主義は多数決」そんな前時代のイメージから多くの人々が抜け出せないでいたのではないでしょうか。

　3・11原発震災がこの国の人々に根本的な変化の必要を迫りました。しかし、既存の政治は「新しい社会のモデル」を示すことができないでいます。橋下大阪市長が新たな政治の旗手のように期待されていますが、残念ながら彼の政治手法も考え方も一時的な効果はあったとしても本来の解決にほど遠いと私は感じています。民主主義に特効薬はなく、重要なのは一人の突出したリーダーではなく、一人ひとりが意識を変えることだからです。

緑の政治というと「環境専門」という間違ったメッセージが伝わっています。しかし、例えば、世界の緑の党の最も大きな特徴は人々が参加出来る仕組みにあります。世界がグローバル化し、問題が複雑化する中では、人々がそれぞれの分野の主人公として意志決定をしながら行動し続けない限り、社会と世界の問題は解決不可能だからです。権力を一部の人々のコントロール下に置くのではなく、私たち一人ひとりの生存の権利、豊かな人生を送る権利を、社会の担い手であり本来の責任者である私たち一人ひとりの手に取り戻そうという運動が緑の政治の本質です。

緑の政治とは「人々」を主体とした「世直し運動」の総体です。「党」はそのための重要な道具にすぎません。貧困や社会的不正義といった様々な困難に立ち向かい、私たちの健康な暮らしの前提である、豊かな生命圏と社会を維持し、質的に豊かにしようという極めて広範な社会運動が緑の政治の本体です。日本には、潜在的にこうした社会的意識を持つ人々は多いと思います。しかし、多くの人は「政治が自分たちと切り離された世界のものだ」という間違った意識を長い間に官僚たちがつくった「学校教育」や様々な社会的習慣の中でインプットされてしまっています。これが、日本に緑の政党が誕生して来なかった最大の原因だと私は考えています。政治とは本来、私たち一人ひとりの生活（いのち）の延長線上にあるものです。政治と生活（いのち）の間の分断を一人ひとりがつなげ直すことこそ、私たちの社会を守る最も有効で大切な方法です。

一方で、動かしがたい国民の「脱原発」への意識を受けて、今回取材した以外にも様々な動きが顕在化しています。国会内にも超党派の「原発ゼロの会」や民主党内にも、菅直人前首相を軸に「脱原発ロードマップを考える会」が発足して計70名以上の国会議員が名を連ねています。地方では約75名の首長や経験者からなる「脱原発首長会議」が発足し、地方議員の間でも脱原発の連盟づくりが進んでいます。

こうした動きはとても大切なものですが他方で、既存の政党や枠組みに軸足を置くものなので、その動向はどうしても党内や地域の事情に左右されてしまいます。市民の代表として緑の政治が確実にその姿を現し、こうした様々な動きと連携することは、脱原発の動きを確実なものにするのに欠かせないプロセスだと思います。

政治とは長い間、闘争の歴史でした。そのため、政治に関わる人は、どうしてもセクショナリズムに陥《おちい》りがちです。緑の政治が成功するかどうかは、一人ひとりが社会全体を俯瞰《ふかん》し、その中で自分たちの役割を考え行動できるかにかかっています。私たちは全てが大いなる自然の一部だからです。

この本が、読者の皆さんの中に眠る大いなる自然のエネルギーとつながり、世界を変える火種となることを期待します。

Takuo Ohno

大野拓夫

1990年頃から環境関連の活動を行う。その後長野県大町市で林業に関わる。2001年第1回 緑の党世界大会（豪州）に参加。参議院議員中村敦夫氏の下「環境政党みどりの会議」設立に従事。2007年と2011年の2度横浜市会議員選挙に挑戦。小田原で無農薬ミカン農園の運営にも関わる。2012年より（株）第一総合研究所研究員。

この本に出てくる緑の用語解説

存在としての緑

緑の党●この本では一般名称として、世界の「緑の党」を表わす場合と、「みどりの未来」（後述）が2012年7月設立の政治団体「緑の党」を示す場合があります。第2章の「みどりの未来」へのインタビュー・ページでは後者、その他では多くは前者の意味で使いました。

みどりの未来●90年代後半から「緑の党」的な指向性を持った地方議員と、市民のネットワークとして活動してきた「虹と緑の500人リスト運動」と、下記の中村敦夫氏が率いた「みどりの会議」から引き継がれた「みどりのテーブル」が合流してできた政治組織。「みどりの未来」は2012年7月28日、「緑の党」を結成しました。

グリーンアクティブ●2012年春から始められた中沢新一氏を代表とする包括的なネットワーク・ムーブメント。脱原発を柱にした環境、地域再生の運動。政治的、文化的、農的運動などを網羅。緑の政治も全体の中の一つの部門ととらえています。

緑の日本●グリーンアクティブの政治部門。マエキタミヤコ氏が代表。

みどりの会議●元々は2002年、当時参議院議員だった中村敦夫氏らが設立した政党。本書では、主に中沢新一氏や加藤登紀子氏らが2012年に呼びかけた、脱原発のための共同会議体を指しています。

考え方としての緑

緑の政党●「みどりの未来」が設立した「緑の党」以外にも、日本国内で脱原発を中心に緑の市民政治を志す人々やグループがあることに考慮し、近い将来連帯してゆく希望をこめて、あえて広い概念でとらえた用語です。

緑のネットワーク●脱原発と緑の意識を持つ人々や政治家、運動体、政党などの連帯をイメージする考え方。

緑の政治●緑の政党だけでなく、緑的な考えに基づく、市民の様々な政治的運動、活動など、広義の動きを示す言葉として用いています。

緑の人々●緑的な考えに基づき行動する人々。ドイツ緑の党は、この概念といわれています。

緑のイカダ●この本の中で初めて用いた造語。多様な緑の人々、チーム、市民運動、ＮＧＯなどをそれぞれ丸太にイメージし、それらが1つに結び合ってイカダを作り、緑の選挙に立ち向かう形態を意味しています。

第1章
すべての原発を廃《ハイ》炉《ロ》へ 緑の政治を生み出そう

郡山昌也＆大野拓夫

対談

「子どもたちを放射能汚染のリスクから守りたい」それが、この本の出発点

大野拓夫　＆　郡山昌也

〈続・プロフィール〉

勤務する（株）第一総合研究所では「自然エネルギー研究会」事務局長として忙しく活躍中。脱原発への具体化に力を注ぐ毎日。


〈続・プロフィール〉

2012年４月にはアフリカのセネガルで開催された「緑の党世界大会」や、６月のブラジル「国連持続可能な開発会議（リオ＋20サミット）」に参加。

まだ危機がそこにある（1年後の）フクシマ

郡山：3・11の東日本大震災から1年以上が経ちました。僕は昨年（2011年）の5月に「みどりの未来」（2012年7月末に「緑の党」を結成）が招聘《しょうへい》したドイツ緑の党連邦議会議員で原子力政策担当のジルビア・コッテング・ウールさんと一緒に福島を訪ずれました。福島では、津波と地震の被害や東京電力福島第一原発の事故による放射能汚染の影響で全村避難が完了する直前の飯舘村なども訪問させてもらいました。最も放射線量が高い場所では雨どいで約500μSV《マイクロシーベルト》という、早くそこから逃げ出したくなるような家屋にも案内してもらいました。でも、そんな地域にも避難をせず住んでいる人もいたということでしたが…。

福島から山形県の米沢市に避難している方々のお話も聞かせてもらいました。「原発事故による放射能汚染の程度がはっきりせず、いつ故郷に戻れるかわからない」、「避難先では仕事を見つけるのがかなり難しいため妻子を避難所に置いて福島県に働きに戻る」などの話も聞きました。その時の、子どもや家族の日々の生活と将来に対する不安で押し潰《つぶ》されそうな若いお母さんたちの表情が忘れられません…。

「もう原発は止めるように国際世論に訴えて下さい！」とジルビアさんに懇願《こんがん》する若いお母さんに「できれば皆さんが仲間たちとグループを作って、情報収集をして、被災者の声を集め、政治や行政に届けていくことも大事です」とジルビアさんが話していました。この時に日本の、「緑の党」はこのようなお母さんたちの声を基にしてつくられる必要があるのではないかと感じました。

ジルビアさん自身もチェルノブイリ原発事故の後に子育てをした母親として、2人の子どもを外で遊ばせることができなかったり、食事も缶詰しか与えられない状況を経験したことから、緑の党に入ったと聞いたからです。

事故から1年後の（2012年）3月10日に再度来日してくれたジルビアさんと一緒に福島県の郡山市に行ってきました。そこで感じたのは、住民の皆さんが直面している困難や緊張度、恐怖感などが、1年経ったのにまるで変わっていないということでした。現地の脱原発集会などの企画にも関わった郡山市会議員の蛇《へび》石郁子《いしいくこ》さんに聞いたのは、大きな地震が今でも頻繁《ひんぱん》に起こる中で、福島第一原発4号炉の使用済み核燃料棒プールが建屋ごと倒壊する可能性があることでした。もし、地震でプールの水が抜けて（格納容器の外にある）核燃料がむき出しの状態でメルトダウン、爆発でもしたら放射性物質が広域に飛散して約250㎞離れている東京でさえも人が住めない状況になる可能性があると言われています。それがいつ起きてもおかしくないという緊張感の中で暮らしているというのです…。

大野：官僚政府や大手メディアは、どうしても混乱を避《さ》けるために「安全情報」を流したがります。それが行き過ぎて、危機情報は一部の人たちにしか伝わらない傾向があります。

そのために意識の分断が起こっている。残念ながら戦争中の日本がそうだったように、危機意識を持たない人が持つ人を「村八分」にしていく構図がありますよね。

郡山：福島の現地でよく聞いたのは政府が強制的に「移住しろ」って言ってくれれば助かるんだということ。でも、そう言わない背景には補償額を減らしたい東電や政府の意志もあるようで…。それどころか一部では「もう大丈夫だから、村に帰ってこい」みたいな動きになっています。自分が被災者ではない立場では、あまり軽率なことは言えませんが…。

大野：官僚や東電は、責任を取りたくないから間違いを認めない。既得権益を守ることが、正しいと今だに思っているんですね。でも、東電も経営が破綻し、実質的に国有化されたように、経済も社会も今までの前提は既に崩れています。前提を変えない限り何も始まらない。いのちを守れない国では、経済も何もあったものじゃない。「3・11」から先は、全く新しい社会と政治を私たちから作り直す必要があるんですよね。

郡山：被災から1年目の2012年3月11日には、全国でデモがあって、夕方から行われた「国会包囲デモ」には、福島の人たちも参加して1万人以上の人が集まりました。昨年（2011年）4月に東京都杉並区高円寺で開催されたデモには、マスコミは伝えなかったのに1万5千人もの人が参加しましたよね。9月の明治公園のデモには労働組合の動員も含めて約6万人が結集しました。この1年で、意思表示のためのデモもある意味で一般化したと言うか、驚くべきことですが、普通に数万人が集まるようになりました。（2012年の6月29日からの金曜日には、野田首相による「大飯原発再稼動宣言」に反発した数万人の市民が首相官邸と国会議事堂を毎週包囲しました。7月16日にも代々木公園で17万人！）

大野：参加者には、もちろん昔から運動をやっている人たちも多いけど、おしゃれな若い人とか、親子連れとか、お母さんと娘さんで来ているとか。そういう人たちがキャンドルを持って国会を囲み、整然と抗議を行うって言うのは、時代が変わったなと感じましたね。

郡山：一方で、政府の動きは「なんでそこまで？」と思うぐらい強引な再稼働一辺倒です。関西電力による大飯原発のストレステストの評価会議も、傍聴人を排除して強行しました。これまでは原発推進側だった原子力安全委員長の斑目《まだらめ》春樹さんでさえ「ストレステストだけでは再稼働はできません」と言わざるを得ないぐらいひどかった。野田首相は地元の反対を機動隊を使って排除してまで再稼動を強行しました。菅前総理は、最後に「脱原発路線」を打ち出して浜岡原発を止めて、再生エネルギー法案も頑張って通して最後は総理の座から引きずり下ろされましたが、あの後、半年ぐらいでここまでひどい状況になるとは思いませんでしたね。

大野：菅前総理は、最近「脱原発ロードマップを考える会」という民主党内の会派を作って旗色を鮮明にしています。一方で野田首相は経産省や財界の方を向いている。それが権力維持に直結すると誤解しているようです。でも、国民の意思は広く静かに流れる大河のように着実に脱原発に向かっている。問題はこの流れをどう形にできるかですね。

郡山：後で出てきますが、「エネシフジャパン」の小島敏郎さんのインタビューでも触れられているように、野田政権のように政権を維持しようと思えば、権力基盤の言うことを聞かなきゃいけない。その一つは財界と霞ヶ関の官僚。もう一つはアメリカだと。でも本当は市民の側がそのような人たちを凌駕《りょうが》するくらいの大きな声をあげて行かなきゃいけないんだと思います。

　例えば、ドイツのメルケル政権は財界寄りの保守政権ですが、それでも何で原発が止まったかというと、全国で合計25万人もの人が脱原発のデモに参加して、行動する市民が自分たちの声を政治に突きつけたからです。それだけ大きな民意のうねりを作り出した訳です。福島の原発事故直後に、60年間も保守勢力の牙《が》城《じょう》だったバーテン・ビューテンブルグ州で、緑の党が連立パートナーの社民党（ＳＰＤ）を上回る支持を得て、初めて州首相の座を取ったことが最後の一押しになりました。メルケル首相はそれを見て、原発を止めるよう政策転換しなければ権力を維持できないことを理解したから、2022年の原発ゼロを決断したのです。

緑の党と既成政党の違いそれは出発点にある

大野：緑の政党と既成政党の違いは何かをはっきりさせておきたいのですが、それは単なる政策面の違いではないということです。一番は、政治家が作った党なのか、それとも市民が作った党なのかという出発点の違いです。原発ムラの問題からはっきりわかったのは、私たち市民は、情報も、お金も、生きる権利さえも官僚や財界やメディアにコントロールされて来たということ。多くの政治家は、言わばそうした人々に雇われた存在だった。

　緑の政党に存在意義があるとすれば、そのことを自覚した市民、国民が今奪われている自分たちの権利を取り戻すために動く。そのための道具としての政党を自分たちで作るということだと思います。

　多くの既成の政治家にそれができないのは、彼らには「どうしても変わらなければならない」必然性がないからなんですね。日本の政治家の多くは今だに二世議員や、裕福な家庭に育ったエリートといった既得権者が大半です。そうした人々に民衆の苦しみを理解しろというのは無理な話です。でも、実際に政治を必要としているのは、貧困や差別や病に苦しむ人や、今回のように震災や原発事故が起きたような場合です。そんな時に真剣に取り組める人材を政治家として選んで来なかった結果、「フクシマ」の惨状になった訳です。

　そうした意味で従来型の政治家に

は全員辞めてもらう必要があります。そして「政治家にお任せ」の政治スタイルから、人々が直接参加する政治スタイルに変えて行く。自分たちの社会や持続可能な未来の世代に責任を持つというのが、これからの政治の基本的なあり方だと思います。

郡山：それを聞いて思い出すのは、やっぱりお母さんたちの動きです。「子どもたちを放射能から守る全国ネットワーク」の伊藤恵美子さんの話だと、セシウムに汚染されていない食べ物を必死になって探している お母さんたちが一番気にしているのは学校給食のことだったりする訳です。

それこそ、今までだったらもしかして、政治に対して無関心だったようなお母さんたちが、まずは学校に行って給食の検査をやってくれと依頼する。それでも現場が動かない場合は、自分たちで放射能汚染や内部被ばくに関する色々な資料を集めて「こういう質問をしてくれ」と地方議会や議員に向けて提案しているそうです。これってまさに地元の政治家に対する「ロビー活動（政策提言活動）」そのものですよね。

大野：それこそリアルな政治です。

郡山：若い人たちもデモに参加するとか脱原発の集会に行ったり、インターネットで情報発信したり、原発国民投票に参加するという動きも出てきています。お母さんたちは、自分たちの子どもや家族を守るために、必要に迫られて政治に関わり始めた訳ですが、これは官僚や政治家に“お任せにしない”「緑の政治」につながる重要な動きだと思います。

インタビューの感想と脱原発への想い

郡山：改めて、全体の取材を通じての感想はありますか？

大野：インタビューに応じていただいた皆さんが思っていた以上に、脱原発を実現するためには緑の政党のような存在が必要だということを明確に思い描いていたことですね。

郡山：僕も、本の取材が進行するのと同時並行で色々なこと（脱原発世界会議の開催、原発国民投票の実施、脱原発首長会議の発足、首相官邸前デモ等々…）が次から次へと起きて、周りの動きの方がどんどん先に行っていることに焦《あせ》りながらの毎日でした。

この本を企画するきっかけになったのは、（株）ほんの木が2011年7月に発行した「反&脱原発新聞 子どもたちの声」というフリーペーパーでしたよね。原発事故の後でもマスコミでは報道されない、例えば食品の放射能汚染による内部被ばくに関する情報などを紹介しました。その内容に共感したお母さん層を中心とした読者の皆さんがボランティアで手配りしてくれて、最終的には2万5千部もの新聞が配布されました。大野さんはこの新聞の編集メンバーで、僕は『脱原発を実現したドイツ緑の党』という特集記事を寄稿しました。その後10月頃からこの本の企画を進めて、12月から実際にインタビューを開始した。実はちょうどその頃から、脱原発を目指す「緑の政党」へ向かうような様々な動きが始まっていましたよね。

大野：東京も含めて日本中が原発事故の被災地であり、海外の人々にも放射能の恐怖を与えているという現実があります。その中でも一番苦しい状況にあるのは間違いなく福島で暮らす子どもとお母さんたちですね。ここでも、少しでも子どもたちの安全を守ろうと、頑張っているのは国ではなくて、NGOや全国のお母さんたちでした。

郡山：福島で問題になっていたのは例えば原発離婚。内部被ばくに関しては食品汚染が心配なお母さんとお父さん、おじいさんやおばあさんでは持っている情報の格差があるから、家族の中もバラバラに引き裂かれたりして。そういう意味でも福島のお母さんたちというのは、二重三重に苦しんでいるんだなと思います。

【ハイロアクション福島原発40年実行委員会】

郡山：この本のインタビューでは、ほとんどの人が「3・11」をキーワードにしています。そういう意味で、ご自宅におじゃまして、一番以前からの脱原発運動の歴史や闘いの話をしてくれたのが福島県三春町の武藤類子さんでした。もちろん、被災者としての発言も重みがあったし、現場の話を聞けたという意味でも大きかったけれど、印象的だったのは、1990年代初頭の反原発運動でした。六ヶ所村の再処理工場に使用済核燃料を入れた入れ物が運ばれて来る中で、それを止めようと「女たち」が体を張った運動の話でした。日本でもそうした運動がずっとあったという話を聞かせてもらえたのは貴重でした。武藤さんが言っていたのは、反原発運動の中で仲間同士の諍《いさか》いも傷つけ合う場面もあった。だからこそ、先ず認め合うことが大事だと。「どんな時でもお互いを褒《ほ》め合いましょう、認め合いましょう」ってね。それから自分を好きになって認めること、そういうことができれば運動自体も楽しくなるだろうし、効果的になっていくだろうって。それに実は、敵であるはずの官僚の人たちや原発を進めている人たちは深く自分を愛せていないんじゃないか。だからこそ権威とかお金とかにすがって、進めてしまうんじゃないかと、とても深い話をしてくれました。

大野：「緑の政治」の本質やこれからの日本を考える上でも大切なお話でしたよね。

【子どもたちを放射能から守る全国ネットワーク】

大野：福島と度合いは違うけれども、当事者意識という意味では全国のお母さんたちも同じわけですよね。

郡山：特に今回の放射能に強く汚染された地域は関東住民の畑みたいな場所で、穀倉地帯でもあるし、野菜などもたくさん生産しています。情報感度の高い人たちの中では、関西や九州、沖縄に引っ越してしまった人もいます。一方で、諸々の理由で動けないお母さんや、そこまででもないと考える人も、家族の安全のために必死で安全な食べ物を探しています。そういうお母さんたちのネットワークについて、伊藤恵美子さんのお話を伺いました。伊藤さんは長らく「自然育児友の会」をやって来た人です。そんなお母さんたちが能動的に動いて、学校給食とかの放射能検査をしてくれという陳情をしたり、自治体議員とかに働きかけたりという動きというのは政治的にとても大きな変化だし、大事な意味があると思いました。

大野：お母さんたちが、子どもたちのために動くことが、無意識のうちに政治になって行くと言ったお話はとても示唆的でしたよね。でも学校給食とか子どもたちの安全を守るということは、一番大事な政治テーマですよね。だから、とても本質的な話だなって思いました。

郡山：そういう意味では、「3・11」以降、本当は世の中のお母さんや女性たちが「最大の政治勢力」になってもおかしくない訳ですよね？当然、そういう活動をしていたら最後は政治を変えなきゃ変わらない。そこに行くのは必然的な帰結だと思えて嬉しい驚きでした。

【東京・生活者ネット】

大野：そういう視点から見ると、生活者ネットワークの存在も大きかったなあと思うんですね。今までも女性たちの立場から地方議会の中で頑張ってきて、今回議会の外でも東京で「都民投票」の運動を担った。住民投票、国民投票というのは市民の政治への直接参加を行うことで、まさに世界の緑の党と共通する動きなんですよね。参加型政治、市民自治という理念を持つネットワーク運動が、実際に原発に関する住民投票運動を担ったことは、ある意味象徴的な動きに見えました。

郡山：3章の白井さんのお話では、ネットは、設立の際にドイツ緑の党を参考にしたと言うことでした。インタビューの中でも「大事なことは市民が決める。それが生活者ネットのポリシー」だと言っていましたよね。彼女たちが原発都民投票をやったことも、今回の取材と同時進行的に「脱原発などの緑の運動」が起きていくダイナミズムの一つでした。多くの市民の皆さんの協力も含めて彼女たちがすごく頑張って、東京都で最低22万筆必要なところを32万筆も集める大きな原動力になりました。後半は若い人たちも絡んで自由に動いて盛り上がった相乗効果で達成できたそうです。本当に新しいダイナミックな動きでしたよね。

【ピースボート】

郡山：市民社会の動きとして大きかったのは、2012年1月に横浜で開催されて1万人以上が集まった「脱原発世界会議」だと思います。これは国際交流NGOのピースボートや国際環境NGOのFoE（地球の友）やグリーンピース、ISEP（環境エネルギー政策研究所）などが企画・運営しました。パルシステム生協や大地を守る会など、生協や安全な食品流通企業などもスポンサードしています。脱原発運動では最先端のドイツから専門家を呼んだり、ウラン産出国のオーストラリアや原発を輸出する先の中東からも政治家や関係者を招聘《しょうへい》。世界中から研究者や活動家を集めて、欧州緑の党からは代表のレベッカ・ハルムスさんも参加しました。ドイツの第一線で活動する研究者が「これだけの規模の国際会議は見たことがない」と言ったくらいの規模とクオリティーの会議を成功させました。実行委員長でピースボート共同代表の吉岡達也さんは「行列のできる国際会議」と冗談で言っていましたが、開催当日は本当に大行列ができていました（笑）。あれだけの国際会議を日本のＮＧＯが中心になって開催したというのは嬉しい驚きでした。実際に参加して、また主催者への取材を通じて、この動きは市民による「緑の政治」に向かう大きな流れの一つではないかと感じました。

【みどりの未来】

大野：このグループは、90年代後半から緑の党的な指向性を持つ地方議員と市民のネットワークとして活動して来た「虹と緑の５００人リスト運動」と「さきがけ」を引き継いだ参議院議員（当時）の中村敦夫氏が２００２年に立ち上げた環境政党「みどりの会議」が合流してできた政治組織で、現在「グローバルグリーンズ（緑の党の世界的ネットワーク）」に加盟している日本で唯一の団体です。最も地道に緑の政党へのステップを歩んで来たと言えますね。

郡山：原発事故の前から脱原発を訴えていた「みどりの未来」には当然追い風が吹いている訳ですよね。会員も1年前までは４００人くらいだったのが、今は１０００人を超えているし、ドイツからも緑の党連邦議員のジルビア・コッティング・ウールさんなど次々と大物政治家が「緑の党」設立のための応援に来てくれていますよね。そういうことも含めて、着実に２０１２年7月に「緑の党」を結成し、２０１３年7月の参議院選挙での議席獲得に向けて着々と準備を進めています。

【グリーンアクティブ】

大野：それから同じく２０１２年の春から、中沢新一さんや加藤登紀子さんなどの学者や文化人たちが「グリーンアクティブ」という「緑の党のようなもの」を始めました。実際にはいわゆる政党というよりも脱原発などの環境ムーブメントや政治的文化運動の要素の方が強いと思います。その中で広告プランナーのマエキタミヤコさんが政治部門の「緑の日本」を立ち上げて、脱原発で反TPPの政治家に「グリーンシール」を貼ろうという運動を提案したり、歌手の加藤登紀子さんが中心になって呼びかけた「みどりの会議」では、文化人、マスコミ関係者、ブロガーなども加わって、政治的な動きも含めた幅広い緑のネットワークを作り上げようとしています。新しい政治参加の方法として、とても面白い動きになっていますよね。

【エネシフジャパン・小島敏郎さん】

郡山：福島の原発事故を受けて、25年前にチェルノブイリ事故があった同じ日の２０１１年4月26日から国会議員に対して自然エネルギーの導入に関する「アドボカシー（政策提案）活動」を継続している「エネシフジャパン」の小島敏郎さんにも話を伺いました。エネシフジャパンが画期的な活動だったなと思うのは、自然エネルギー政策の実現に貢献したことです。一つは当時の菅総理大臣が、浜岡を止めるという決断をし、その後に最後の置き土産に「再生可能エネルギー法案」という脱原発実現のためには不可欠な政策を導入して辞めた訳ですが、エネシフの活動はそれを結果的にサポートしたと思うんですね。国会議員の人たちに原発を止めることの合理性を学んでもらう「勉強会」を開催することでその機運を作った。彼らが連れてきたソフトバンクの孫正義さんも菅前総理に「頑張って下さい」と。菅さんも「よし、やりましょう！」ってね。そう言う場を作った意味で、大きな成果を出したプロジェクトだと思っています。

大野：小島さんの話では「菅さんが（総理としての）生命維持装置を外しました」って言葉が出てきました。「支持基盤」である財閥や官僚がやって欲しいことをやるのが「生命維持装置」なんですね。最後は総理の座と引き換えに再生可能エネルギー法案を通しましたからね。

郡山：面白かったのは、小島さんが大阪維新の会は、総選挙があればキャスティングボードを握って、格差を広げる新自由主義的な政策を通すだろうけれど、緑の党も政策を実現したければ、1～2議席だけじゃダメだという話。小島さんの構想としては、政界再編で行き場を探している現職の議員も一緒になって新しい政党をつくって、（将来的には）20～30議席をとれないかという話でした。なぜかと言うと緑の党というのは道具だから、その道具を使って脱原発政策とか、被ばくで苦しんでいる子どもたちのケアとか、補償の問題とか、そういうものを実現する必要がある。それなら、キャスティングボードを握る戦略が大切だと言うお話でしたが、すごく面白いと思いました。

大野：政治は実際に動かさなければ意味はないですからね。僕は、政治家の秘書などをして来ましたから少しは現場を知っていますが、例えば大政党である自民党や民主党であっても、人材が豊富かと言うとそんなことはない。むしろ、多くは選挙のために時間をさかれて、政策で官僚とやり合える人は限られています。

　逆に、政策実現に時間を費やす議員はどうしても選挙が弱い傾向にある。だからこそ、税金を使ってフルタイムで働ける官僚の支配が続いて来たのです。これは日本の国家システムの問題点です。

　政策で官僚とやり合うためには、民間のシンクタンクやNGOなどの現場で動いている人たちの力が必要です。そうした人々が、実際の政策決定に関与できる仕組みをつくる必要があると思います。

日本で緑の政治を誕生させるのに大切なことは？

大野：最後に、日本に緑の政治を誕生させるために、ドイツ緑の党が出来た時の様子を振り返ってみたいのですが。「3・11」以降の日本と何か重なるものはあると思いますか。

郡山：旧西ドイツ緑の党が国会に議席を得たのは1983年で、一つのきっかけは反戦運動だったそうです。東西冷戦の中で、戦略核ミサイルが西ドイツ各地に配備されることになって、そのことに対する一般市民の反対運動が盛り上がったのが契機だったと聞いています。その3年後にはチェルノブイリ原発事故が起こるわけです。

　緑の党につながる大きな流れを作

ったのは「新しい社会運動」と呼ばれる反戦平和、移民や人権、ジェンダー、有機農業、環境保護運動などの市民運動や、ミヒャエル・エンデやヨーゼフ・ボイスに代表されるような文化運動だったと言われています。それまでの政治は経済だとか外交や安全保障などが中心テーマだったのに対して、緑の党は環境問題をはじめ日々の生活に関係するテーマを政治に持ち込んだと言われます。

　これは第3章の白井和宏さんのところでも出てきますが「反政党的な党」という特徴にもつながります。今までの政治・政党は、大きな組織としてのピラミッド型の組織構造を持ち、長年当選を重ねる政治家に権力が集中する傾向がありました。また旧来の「労働党と保守党」のような「労働者」と「経営者」それぞれの利益を長年代表してきた政党は、環境問題やジェンダー（性）などの問題に対して手をつけられませんでした。それに対応して来たのは市民運動で、ドイツではそれを古い（歴史のある）労働組合運動に対して「新しい社会運動」と呼ばれました。日本で言えばNPOやNGOが担っている様々な市民運動ですよね。

　そういう人たちが自分たちのテーマを政治の場に持ち込んだ。草の根の人たちが集まって、権威主義的ではない形で、自分たちの暮らしや生活など身近な問題を解決するために結成したのがドイツ緑の党なのです。

大野：「3・11」以降の日本で目指すべき方向性も、原子力から自然エネルギーへ、経済の量的成長から社会の質的な成熟へ、中央集権から分権と自治へ、情報統制から情報公開へという方向ですよね。そこに解決策もあると思います。ただ、それらをつなげる思想や体現できる政治勢力がまだ現れていないのが日本の現状で、新しい緑の政治勢力が出現することは、ある意味時代の要請なのだと思います。

　今の日本の政治のまずいところは、民主主義のプロセスへの不信感だと思います。大阪維新の会を率いる橋下市長のやり方は今あるダメな政治を一掃するために自分のところに権力を集中させるという方法ですね。でも、実は自分以外の考え方を排除するとか、弱い者を切り捨てるという彼のやり方自体が、今の社会の問題を生んでいる根本原因に繋《つな》がっている。同じ構図の中で生まれて来たのが環境破壊だったり、人権侵害だったり、原子力災害だったり、格差社会だったりする訳です。残念ながら橋下さんのやり方では問題をさらに悪化させてしまうでしょう。

郡山：緑の党は世界90カ国にある政党で、「グローバルグリーンズ憲章」という共通理念に掲げられているのは、「エコロジカルな知恵・社会的公正・参加民主主義・非暴力・持続可能性・多様性」の原則です。その中でも大事なのが参加民主主義です。そこでは普通の人たち、メンバーが政党の意思決定に関わることを大事にしています。一人の人に権力が集中してしまうことを除ける仕組み（議員交代制度）を持っていました。

郡山：大阪の橋下市長が、大飯《おおい》原発の再稼働問題などで脱原発を打ち出して一時的にマスコミを賑《にぎ》わしました。「人気取りのために言っているだけ」という人もいますが、純粋に経済合理主義的に考えた時にも、原発というのは成り立たない訳ですよね。これだけ補助金ジャブジャブでやってきたから、無理矢理に続けられてきましたが。コスト的に考えたって、こんな事故を起こしたら、賠償費用も莫大《ばくだい》で合わないはずです。

使用済み核燃料の管理費や廃炉にするコストも計算に入れるべきなのに、不十分なまま「安い、安い」とマスコミや学会をあげて宣伝をしてきました。もちろん、財界からの圧力などを含め、政治は経済合理性だけで政策が決まる訳ではありません。だから橋下氏も、脱原発を言っていましたがいろんな理屈をつけて翻《ひるがえ》して、結局は再稼動容認に回ってしまいましたよね。

大野：僕も、新自由主義の政治家たちが脱原発を言うのは、根っこの無い話だと思うんです。核兵器にしてもウラン取引の強大な利権ネットワークがあって、極《ごく》一部の人々が価格調整をしながら莫大な利益を上げて来た。資源の値段をつり上げるために、戦争だろうと何だってして来たのが新自由主義の負の部分です。アメリカのブッシュ前大統領やラムズフェルド元国防長官のような「1%」の超富裕層が自分たちの利益のために、大量破壊兵器をつくり、戦争を起こし、貧富の差を広げ、それらを隠蔽《いんぺい》するためにメディアを支配してきた。これを新たな帝国主義だと言う人々もいます。これらは今世界で起きている構造的な問題です。少なくとも、彼らの側に根本的な問題解決の方法はありません。だから橋下氏のように新自由主義的な考えを持つ人が「脱原発」と言っても、あまりに表面的なことに聞こえるのです。もっと本質的な解決に至る道を、大胆に描いて行きたいと思いますね。

郡山：原発は作業現場やウラン採掘に関わる被ばく労働者のことを考えても、世界中の緑の党がよって立つ前述の理念のほぼすべてに抵触する訳ですから、緑の党の「脱原発」は本物です。2002年に社会党（SPD）との連立政権時に脱原発政策も決議していたドイツ緑の党が証明してくれていますよね。人類史的にも悲惨な福島原発の事故を起こしてしまった日本には、今こそぶれずに「脱原発」を推進する政党が必要だと思います。

大野：今こそ、その時ですね。ただ、くり返しになりますが、緑の政治の主体は市民一人ひとりであって、どこか遠くの政治家や活動家ではありません。そう言う意味ではこれから登場する人々も、郡山さんや私も主体の一人でしかありません。「緑の政治」は誰かの専売特許にはなり得ないものですから。

第2章のインタビューも「緑の政治を引っ張るリーダー」と言うより、共に考え、悩みながら行動している仲間として読んで頂けたらありがたいと思います。

第2章

インタビュー

「脱原発」「緑の人々」「緑の政治」

11人への
インタビュー

みどりの未来（7月緑の党結成）
副運営委員長
宮部彰さん

ピースボート　共同代表
吉岡達也さん

福島原発告訴団 団長
武藤類子さん

グリーンアクティブ代表
明治大学野生の科学研究所所長
中沢新一さん

子どもたちを放射能から守る全国
ネットワーク事務局
伊藤恵美子さん

グリーンアクティブ
緑の日本代表
マエキタミヤコさん

ピースボート
子どもの家代表
小野寺愛さん

東京・生活者ネットワーク
代表委員
池座俊子さん

エネシフジャパン
青山学院大学教授
小島敏郎さん

みどりの未来（7月緑の党結成）
共同代表
すぐろ奈緒さん

東京・生活者ネットワーク
前事務局長
中村映子さん

福島原発告訴団 団長
ハイロアクション福島原発40年
実行委員会

武藤類《るい》子《こ》さん

1953年、福島県生まれ。和光大学卒業後、版下職人、養護学校教諭を経て2003年より「里山喫茶　燦（きらら）」を開店するが、2011年3.11東京電力福島第一原発震災事故により店を閉じる。現在、脱原発福島ネットワーク、ハイロアクション福島、原発いらない福島の女たち、福島原発告訴団等で活動中。

福島で起きていること、起きたこと、1986年から

「ハイロアクション福島原発40年」は、福島第一原発1号機が2011年3月26日に、運転開始40年を迎えるのを機に、廃炉と廃炉後の地域社会を考え、希望ある「ポスト原発社会」のヴィジョンを多角的に描き、行動しようと呼びかけた。1年間のキャンペーン開始直前に3・11震災と原発事故が発生。実行委員の武藤類子さんは、2011年9月19日に東京・明治公園で6万人が集まった「さようなら原発1000万人アクション」でスピーチを行った。福島の人々の思いを語り、多くの感動を呼んだこのスピーチは、その後各国語に翻訳され『福島からあなたへ』（大月書店）というタイトルで出版された。福島原告訴訟団長。

■福島の人々が置かれている状況は？

武藤：不安に思ってない人は誰もいないと思うんですよ。だけど一方で「安全キャンペーン」はされる。そんな状況の中で声を出しづらいのは確かだと思いますね。2011年の4月だったと思うけど、ある私立高校のPTAの総会で、「外での部活を何とか中止して欲しい」とあるお母さんが話したそうです。そしたら、別の人が「この学校は方針として外の部活をやっているのだから、嫌なら学校を辞めればいい」と。そこでワーッとすごい拍手がおきちゃって、そのお母さんは黙らざるを得ないような状況だったと聞きました。皆同じ被災者なんだけど、そういう分断が引き起こされていくような構造があるのかと感じますね。皆いろいろとストレスも抱えて、どこに怒りをぶつけていいかわからない状態ですから。

郡山《こおりやま》（福島県）で小さい子をもつお母さんたちが集まる会があって、時々行くんですけど、そこで聞くのは自分の子どもが行っている学校で、こんなことを言うのは私一人だよとか、転校数人だよと。放射能の危険を感じた人はほぼ転校しちゃっているので、そうなるんですよね。郡山市の小学校でも3分の1くらいはいないという学校もあるんです。そこに残らざるを得なくて不安だから何とかして欲しいと声に出す人たちは少数なんです。

郡山：家の中でのお母さんと、その親の世代の分断という話もよく聞きます。

武藤：この間も友だちの所に行ったら柿が干してあって、「いっぱい干したね」と言ったら「孫がね、楽しみにしてるからね」というわけ。彼女としては全く放射能の知識がないのだけれども、孫を喜ばせたいという想いがあるわけです。

そこの間にはいって苦しんでいる親が沢山いる。

結局、行政からものすごく除染にお金がおりることになりました。現実的に除染作業をやるのは下請けかもしれないけど、中間で儲《もう》けるのはゼネコンや東電の関連会社などだから、今までとまるっきり変わらない。「次は除染かい」って感じですよね。

除染は実際にやってみて皆さん限界を感じていると思います。昨日も郡山の人が、貸していた線量計を返しに来てくれたので話をしたのだけれど、前に除染して線量が下ったのに、またすぐに上っていたと言ってましたね。あとは排水溝がものすごく上がっている。30マイクロシーベルトとか。やってもやっても、結局移動していくだけ。ある場所を除染しても、ガンマ線は100メートルくらいは飛ぶから、その辺に放射性物質があれば飛んでくる。1か所だけ除染しても風や雨で流れて来るし、除染物質の捨て場もない。

大野：私の住んでいる神奈川でも、放射能安全の「副読本」が配布されて、専門家が来て授業もやるようなことがあるそうです。「放射能は安全です」って。子どもたちを何だと思っているのでしょう。

武藤：福島県は事故前から、そういうものが学校に入り込んでましたね。原子力の安全と言うか推進教育みたいなものがあって、子どもがポスターを描いたり、高校でも生徒の研究みたいなものがあって、各学校に補助金がおりたりします。公共の施設を建てる時など、地域で予算を立てると、東電がそれに上乗せするようにお金を寄付するのです。そうやって町の公共施設など、箱物をいっぱい建てて、結局維持費で立ち行かなくなったのが双葉町なんですね。それでまたお金が必要となって、7、8号機を増設したいということなっていくのです。本当に麻薬みたいなものです。

大野：武藤さんが、原発のことを意識して運動を始められたきっかけは何だったのですか？

武藤：それは1986年のチェルノブイリ原発事故ですね。それまでは、福島に原発があるのはわかっていたけど、10基あるというのは知りませんでした。その時たまたま姉が白血病になって。彼女は1949年生まれなんですが、10代で甲状腺の病気になったんですね。今考えると、私たちは核実験の最中に子ども時代を送っているので、そのことと関連があったんじゃないかなって。

1988年に東京で2万人のデモがあって、帰ってきてから「脱原発福島ネットワーク」というのを作ったんです。福島県は本当に広いものだから、いわきにも、福島にも郡山にも、会津にも小さな会ができ、それらがネットワークして活動をし始めたんですね。

3・11以前で福島の運動が一番活発に動いたのは91年に福島第一の3号機で事故が起きた時。警報が鳴りっぱなしだったのに、それを事故と捉えなかったので対応が遅れました。東京の方からたくさんの人が応援にきてくれて、3号機を運転再開させないようにと自主住民投票をやったりしました。私は、申し入れや女たちでリレーのハンガーストライキ（ハンスト）をやりました。個人の土地を借りてテントを張って、2週間ぐらい交替でハンストをしました。その頃に非暴力直接行動という概念を初めて知ったのです。阿木幸夫さんが紹介している「非暴力トレーニング」を学び実践していた、横浜の「非暴力団」のみなさんがやって来てくれて、トレーニングも受けました。でも結局、運転再開されてしまったんですね。

ちょうどその頃、青森県六ヶ所村の核燃サイクル施設の中にウラン濃縮工場というのが出来ていたんですね。そこに六フッ化ウラン（※）が配備されることになって、全国からいろんな人たちが六ヶ所村に集まって、その中でやっぱり女の人たちで何か行動を起こそうということになりました。

338号線という搬入道路の脇に、小泉金吾さんという長い間核燃サイクルに反対している方がいました。彼の家の敷地を借りてテントを張って、1か月間全国からいろんな女の人が集まってきて過ごしました。みんなでご飯を作ったり、歌を作って。「この歌を歌ったら道路に出よう」「この歌を歌ったら座り込みをしてトラックを止めよう」「この歌を歌ったら集団から抜けよう」、「この歌を歌ったら集団から抜けよう」という直接行動をしたんですね。もちろん排除されるわけですけど、排除されても排除されてもまた行く。でも結局は搬入されました。

その後、専用道路が出来て、六ヶ所村で核燃料や廃棄物が一般道を通るということはなくなって、そういう行動が出来なくなってしまったんです。私が最後にやった時は、高レベル廃棄物がフランスから戻ってきた時で、その時は大きな銀色のトラックに、雨が落ちてたんです。すごい蒸気がブワーッと上がって。熱いんですよね、中のキャスク（※）ってすごい熱を発してるから、雨がブワーッと蒸気になる。

※六フッ化ウラン＝ウランとフッ素の化合物。
※キャスク＝高放射性物質の輸送や貯蔵に使われる遮蔽《しゃへい》容器。使用済み核燃料輸送容器。

郡山：男の人はあんまり来なかったんですか。

武藤：もちろん男の人もいっぱいいましたよ。だけど、私たちは女たちでやりたいねと。どうして女だけでやるのかとよく聞かれます。私は近代社会になってから、いろんな意味で抑圧《よくあつ》の矢面に立ってるのは実は男の人の方なんじゃないかと思うんです。この社会の中で奪われてきた力がある。けれども、ある意味で女の中には別の力がまだ残っているという気がして。動物とか植物というのは、自分の生き物としての命を無条件に信頼して、生きているわけじゃないですか。人間だって本来そうだったはずなのに、近代社会の中で別の価値観の中にいたために、そういうことを置き忘れてしまったんじゃないかなと思う。本来の力を取り戻すことが今大事なんじゃないかと思っています。

■福島の里山での自給的な暮らし

その後ここで山の開墾《かいこん》を始めたんです。何もなかった山を、重機が入らなかったので全部鍬《くわ》で掘りました。3年くらい掘ってできた平らな土地に小屋を建てて、薪《まき》ストーブとランプだけで暮らしを始めました。そうして、物がなくてもいいんだなと感じたり、小さな畑で食べ物を作ったり、もらえるものはもらうという生活をしました。

この山で暮らしながらできる仕事がしたいな、と思って喫茶店を始めたんです。その時に独立型のソーラー発電を始めました。パネルもなるべく中古のを使って、出来るだけエネルギーを自給したいなと思いました。それはものすごく面白い暮らしでした。独立型ソーラーだと電気は貯めた分しか使えないから、先々の天気を見ながら今日は何をしようとか考えました。薪《まき》を燃やして、出来た消し炭を七輪《しちりん》に入れてご飯を炊《た》く。沸《わ》いたお湯で湯たんぽにすれば電気毛布はいらない。そんなふうに省エネは、我慢する暮らしではなくて、工夫できる面白い暮らしだというのを感じました。

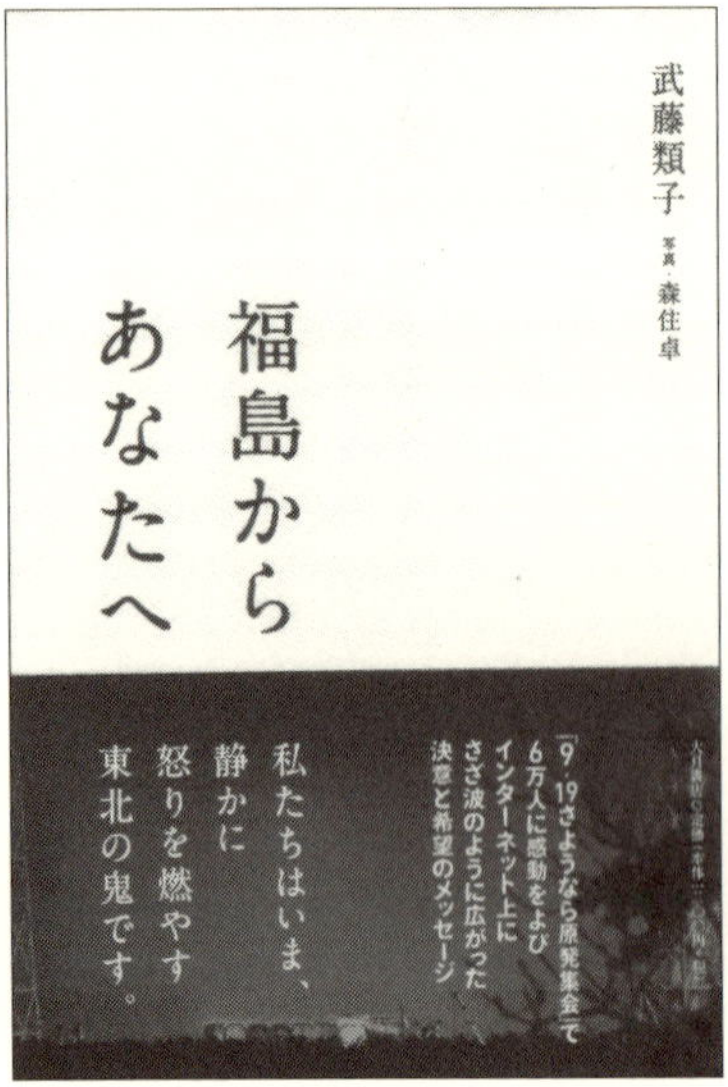

『福島からあなたへ』武藤類子さんの本（大月書店）

大野：いくら面白いものであっても、普通は、そうした暮らしや考え方に移るのに不安がつきものだと思うんですが。

武藤：それは、やっぱり自分に対する信頼だと思います。皆自分のことをもっと大好きになるというのが一番大事じゃないですかね。いつ頃なのかよくわからないけれど、学校の教育とか、メディアとか、そういうところがこぞって「何も考えなくてもいいよ」っていうメッセージを出し続けたでしょう。大手広告代理店の電通が出した「消費のための10か条」というのがあって、「もっと使わせろ」「捨てさせろ」「無駄遣いさせろ」「流行遅れにさせろ」「混乱をつくりだせ」などというものです。そんな市民とか国民を馬鹿にしたような路線の中に、どんどん人を押し込めようとする力に、まんまと乗せられてきてしまったということがあったと思うんですよ。そうじゃなくて、本当は一人ひとり、自分の頭で物事を考えることが出来るし、自分が自分の人生のリーダーシップをとって歩くことが出来るんだということをちゃんと思い出す、というのがすごく大事なことかなと思います。

大野：武藤さんが、避難せずに福島のご自宅に残っておられる理由を伺ってもいいでしょうか。

武藤：本当は彼（パートナー）も若いですから、あんまりここに居させたくないという思いがあります。別の所で新しい暮らしをしたいんだけど。ここにいないことが絶対的に正しいですからね……。一つの理由は、個人的な話で、年老いた母がいるんですね。彼女に避難生活を強いるということがすごくかわいそうだなという思いがあって。あとやっぱり私たちの世代が作ってきた社会をこのままにして、自分だけ行っていいのかなという思いもあって。やっぱり後始末をしなくちゃいけないと思っているんですよ。

郡山：政治に対するリクエストというんでしょうか、お考えがあればお聞きしたいのですが。

武藤：政治に対しては何か期待感がなくなってくるというか。でも、現実的にいろんな政策を作ったりしているのは国なわけですよね。だからやっぱり良い方へ変わって欲しいなと心から思いますね。お金で動くような政治じゃなくてね。政治って自分のことよりも皆のことを考えて、そのために働くわけじゃないですか。だからものすごく大変なことだと思う。政治をするというのはそういうことだと思うので、本当にそれをやりたいという人が出ていくべきだと思うし、今までのようなお金になるような政治じゃなくてね。

大野：今の政治家の多くは、政党に関係なく自己実現を目的にしている人が実は多いと感じてます。優等生で、自分のように優秀な人間が政治家になったら世の中を良くできるんじゃないかぐらいの気持ちで政治に関わる人が多いのではないでしょうか?。でも、利権が欲しい強者たちはウヨウヨいますから簡単に絡《から》めとられてしまう。政治が迷走する根っこには、そうしたポリシーのない政治家の問題があると思います。だから、今までとまったく違う指向性を持った人たちが政治の世界にいかないといけない。政治家になりたい人じゃなくて、土を耕したいとか、子どもたちの未来を何とかしたいとか、生活の感覚から社会を良くしたいと心から思っている人たちが意識的に政治の世界に行くことが、本当の意味でこの国の政治を変えることになる。でもお金や名誉のためでなく、社会の土になる覚悟でやるのは大変なことで、そう言う意味での強い政治意識と倫理観、何より支える側の人の厚みが大切なのだと思います。

武藤：その通りですよね。そういう人を政治の世界に送れるように市民が変わらなければ。こんな災害になった時に国からくる指示を待っていたら命にかかわるじゃないですか。3・11で、自治体が自分の頭で考えて決めることが出来ないと駄目だなって改めて思いましたね。自分たちで考えて、誇りを持ってね。

郡山：先程おっしゃっていた自信を取り戻すとい

うか、自分のことを好きになるということがとても大事なことじゃないかと思います。僕は鹿児島で育ちましたが、公教育に共通する上意下達《じょういかたつ》式のスタイルで、規則を守りなさい、教科書を覚えなさい、先生の言うことを聞きなさい、と。詰襟《つめえり》の制服で頭は丸刈りでしたし（笑）。それは自分らしくあるとか、自分自分の感性を大事にする教育と真逆の気がします。そういう部分と、日本人の幸福感が足り無いとか、自己肯定感が持てないような状況とかは関係あるんでしょうか。

武藤：大いにあると思います。教育も。メディアもものすごい情報を与え続けているから、自分で何かを選ぶということが出来にくくなっていたり。買い物も、流行りの物がウワーッとそこに出てくるし、その中で自分を保っていくのが難しい状況にされていると思うんですよね。

孤独感の中で何かをやるというのは、とても辛いことですよね。だから、誰かに聞いてもらうというのはすごくいいことだと思うんです。パートナーがいなくたって、友達同士で。最初は恥ずかしくて照れくさいと思うんだけど、敢《あ》えて「自分たちが本当によくやってきたことを3分ずつ聞き合おうよ」とまず決めるんですね。次は、「相手を褒《ほ》めるというのを2分ずつやろう」というふうにして。先入観を持たずにただじっと聞くんですね。この聞く力が大切と言うか、無条件に相手の存在を認めることにつながってると思います。それは安心感になるんですね。それをちょっとやるだけで、自分の中の気持ちも変わってくるし、相手に対する見方も変わってくる。日常が肯定的になるんです。カウンセリングという改まった場でなくてもそんなことが出来ていけばいいなと思っていますね。

さっき、最近の政治家の多くが自己実現が目的というお話をされましたけど、自分が力を得てもその人の本当の目的は達せられないわけです。私が私でいるだけで十分だと思って生きれば偉くなる必要はないわけです。自分に向いている、自分を活かせる場所というのは色々あると思うから、それぞれを活かして欲しいとすごく思う。そんな思いが横に繋《つな》がっていけば、世の中を変えて行く力になりますし、本当に必要なものがちゃんとみんなにいきわたる。

大野：国会というのは、日本中からの英知を集めて行く場であって欲しいと思いますが、現状はそれとは程遠いですよね。郡山さんと私は、２００１年の緑の党の世界大会に行ったんです。そこはある意味日本の政治と真逆の世界でした。最前線で命をかけて活動を続けたり、ノーベル賞をとるような人達が、何の分け隔てもなく、真剣に、しかも穏やかに世界の問題を議論し合っていました。

郡山：その会議で印象的だったのは、中心となって準備をしてきたマーガレット・ブレーカーズさんが、世界中の緑の党の関係者が何百人も集まった難しい大会を上手くさばいていたことです。初日の歓迎のあいさつに立った彼女に対して鳴り止まないスタンディングオベーション（拍手喝采）でした。緑の党が面白いのは、女性たちが活躍しているからです。ケニア緑の党を創設した故ワンガリ・マータイさんもそうです。

武藤さんは、去年（２０１１年）の9月19日のデモの時に、「私たちは静かに怒りを燃やす東北の鬼です」という伝説的なスピーチをされた訳ですが、僕が「あっ」と思ったのは「たった今、隣にいる人と、そっと手をつないでみてください」という優しくて素敵なフレーズでした。認め合いましょう、繋《つな》がりましょうというすごく深いメッセージじゃないかと、感動しました。

武藤：運動も政治もそういうところからまずやってもらえれば、とてもいいんじゃないかなと思いますよね。自分たちの社会、自分たちの生命のことなんですから。

子どもたちを放射能から守る
全国ネットワーク事務局

伊藤恵美子さん

「NPO 法人自然育児友の会」理事として、母乳育児やおむつなし育児など子育てスタート期の支援活動を行いながら、放射能から子どもを守るべく、「子ども全国ネット」「としま放射能から子どもを守る会」の活動にも関わる。第４子の出産をまとめた写真絵本『うちにあかちゃんがうまれるの』（ポプラ社）など著書共著も。三男一女の母。東京都在住。

緩《ゆる》やかなネットワークを生かし、子どもたちを守りたい！

『子どもたちを放射能から守る全国ネットワーク』は、福島原発の事故を受けて放射能から子どもたちを守ろうという親たちが設立した全国ネットワーク。各地域や全国で放射能から守る活動や避難保養支援などの活動をしている団体の交差点的な役割を果たしている。２０１１年７月に立ち上がった。当初、１００団体余が登録していたネットワークは、今では３００団体にまでに広がった。中心的なメンバーは各地やネット上で活動していて集まってきた人が多い。事務局スタッフの伊藤恵美子さんはＮＰＯ法人自然育児友の会の理事をつとめる他、豊島区でも活動している。

■「子どもたちを放射能から守る全国ネットワーク」が立ち上がる

２０１１年６月、『子どもたちを放射能から守る全国ネットワーク』（子ども全国ネット）は、「ＮＰＯチェルノブイリへのかけはし」代表の野呂美加さんの声かけで集まり産声をあげたものの、なかなか動き出せずにいました。都内各地の会をまとめたＮＯ！放射能「東京連合子ども守る会」が立ち上がるなど、子どもたちを放射能から守ろうという動きが活発化していた時期で、ちょうど近藤波美さん（現・子ども全国ネット事務局長）が、ネット上で子どもを守るために情報発信している人たちをつなげようとしていまして、私や野呂さんもその会合に参加しました。その二つの流れが合流したことで、一気に加速して、２０１１年7月12日の「子どもたちを放射能から守る全国ネットワーク」（子ども全国ネット）のキックオフミーティングになったんです。

今まで関わってくれた人たちに声をかけ準備会を開き、ウェブサイトを立ち上げて、ツイッターなどで呼びかけました。当日までに１００団体ぐらいが登録して、４５０の席が数日で満員。お金もないし、母体もない。でも、「とにかく今、何とかしなくちゃ」「子どもを守らなきゃ」ってそれだけの思いでみんな動いていました。当日の会場の熱気はすごかったですね。福島からの報告に胸を痛め、みんな何ができるかを自分に問いました。地域ごとに集まり話す時間になったら、会場中にこの場を求めていた人たちの思いが溢《あふ》れ出した感じでした。

その後、8月に2回、１００人規模のミーティングを開いた時には、キックオフミーティングで生まれて来たものからやっていこうということで、空間線量を測定すること、食の安全を守ること、自治体や議員に働きかけることなど、いくつかのテーマを決めました。それに合わせたスピーカーを呼んで話してもらい、テーマごとのテーブルを設けて情報交換しつつ、何をすべきかを探り、あとの時間は地域に分かれて話すという形にしました。

8月後半のミーティングには市民測定所をつくるチームも立ち上がって、情報共有したり、既に動き出していたＣＲＭＳ（市民放射能測定所）に福島の動きを話してもらったり、中心になる人たちがつながりながら動き出していましたね。その中から市民測定所のネットワークをつくろうという話も出ていました。その後、メーリングリストをつくって全国で立ち上げをしている測定所をつなぎました。（現在、全国市民放射能測定所ネットワークとして動き出しています）

全国的に一番早く始まったのは、線量の測定を自治体に要請することで、その次に出て来たのは学校のプールの問題、その次に、給食の食材の産地選定や産地表示、放射性物質の測定を要請するという感じですね。一方で、お互いに顔を合わせて話すことから始める茶話会を開こうという動きもずっとありました。また、厚労省に行こうみたいな話が出てきたり、国会や文科省へのアクションを考えるチームがあったり、福島のネットワークとつながって具体的な支援を進めようという動きが出てきたり、避難情報をフリーペーパーにして配布したり、現地で残っている人のためのサロンをひらいたり……というふうにボコボコ立ちあがってきて。

私たち、子ども全国ネットという場がもつ役割は、こうした動きをつなげることで、大きなうねりにしていくことなんですね。情報交換したり、つながることで勇気をもらえたりということもあります。ネットワークに参加している団体が取り組んでいるのは、大きな組織ではできない隙間《すきま》を埋めることかなって思います。いま、「全国避難サミット」を支援していますが、これは、避難している人、それを支援している人、これからしたい人たちが繋《つな》がる場ということで、各地の小さな支援を繋げて広く伝える場として、とても必要とされていると思います。

■避難することのジレンマ

今福島では避難することが「とんでもないこと」になってしまって、「長期保養」と呼ぶようにしたり、「帰ってこい」コールもすごいですからね。国や自治体、学者たちが「安全」という中で避難するという選択をすることには、たとえ福島市ほどの高い線量でも高い高い壁がある。そういう避難に対する圧力って、そうとう凄《すご》いものがあるのを感じました。テレビで「安全です」と言うテロップがずっと流れ、「安全です」という印刷物が家庭にも学校にもバンバン配布されて。京都大学の小出裕章先生なんかは「今、戦時中と一緒です」っておっしゃってましたが、ほんとうにそうだと思います。

郡山：すごい時代になっちゃったなって言うのは、何でお母さんたちが放射能測定器のデータの読み方なんかを知らなきゃいけないんだって。そんなことになるなんて、

原発事故の起こった年のお正月までは誰も考えたことはなかったですよね……。

伊藤：確かに。でも、片方で小金井市の測定所のようにチェルノブイリの時から続けている団体もあります。ここが続けてこられたのは、公的に予算が確保されていたこともあるけれども、そのチームがよくて、一緒に活動し続けたい人たちだったからと聞きました。今回の場合は、すでに長期戦になるのは分かっているわけで、そこが最初から課題になっています。放射能から子どもを守ろうとしたら、少なくても25年は継続しなくてはいけないことがチェルノブイリの例ではっきり示されています。

　ただ、やっぱりみんな疲れというのもあるし、どう継続していく

かというのは、各地の多くの団体が今、迫られていますね。線量が高くて避難する人の多い地域は、人が足りなくて活動を止めるところもあるし。率先して動いた人ほど危険性はよく知っているわけですから。子ども全国ネットだって、事務局体制や財政面を含めて緊急の課題ですね。

■政治につなげることの必要性

大野：海外で原発を止めているのは、一つは巨大なデモ、二つ目は国民投票、もう一つは市民の政党である緑の党の躍進です。この3点のうちどれか、あるいは複数が成功した国の原発が止まっています。中でも、日本に一番足りないのは、政治的枠組みだと思います。

伊藤：実は私たちの活動もそこに繋《つな》がるんじゃないかと思っています。政府や自治体がすばやく動いてくれていたら、私たち母親が必死になってこんなことをしている必要はないわけで、いかに政治や地方自治に要望を反映させていくかというと、最終的には、議員を出して意見を反映させていくことになるのかなと。先日も郡山市議選挙で脱原発派の女性（滝田はるなさん：みどりの未来）がトップ当選しましたよね。そこまでたどり着かないと、結局は政策は動かないだろうということをこの間痛感してます。

大野：参加しておられる方々にそういうことへの抵抗感はないのでしょうか。

伊藤：抵抗のある人が多い会はあると思うけど、でも一方で、今変わらなければいつ変わるんだとも思います。何万人もの人が難民のようにさまよう状況を政治がつくったのに、何ごともなかったかのように日常が動いている不思議。たぶん、この間初めて学んでいるお母さんたちも多いはずです。今まで選挙にさえ行ってなかったような人が今回動いてるんです。行政に直に交渉もしつつ、区議さんとも連携し、区議さんにも（放射能汚染について）勉強してもらって、というように。

では国レベルではどうかと言うと、結局中心で仕事をしているのは官僚ですからね。そこに直接何かするというのは、私たちはほぼできないわけで。そうすると唯一のルートが国会議員って言うことになる。自治体レベルは、直接担当者と交渉したり、相手が目の前に見えるから一生懸命やることができるけど、国レベルではそうはいかない。やはりもう、国会議員を動かすしかないですね。

■大切なのは情報ではなく、考える力を育てること

大野：チェルノブイリの時も旧ソビエト政府は情報を隠し続けました。でも、すぐ隣りの西欧から経済格差などの情報とともに、原発事故に対する隠ぺいの事実が知らされたことも１９８９年に、ベルリンの壁が崩れ、その後ソ連が崩壊した要因と言われてます。日本の場合も情報の行き来が鍵《かぎ》になるのでは？

伊藤：確かにいまだにマスコミでは高い壁があります。そこが崩れたらだいぶ変わるでしょうか。ただ、私も途中まではそこが原因だと思い、とにかくネットにある情報を伝えればよいと思ってました。でも、それで理解する人と言うのは実は限られていて、多くの人は、いろいろな背景があって、信条や価値観とかのバックボーンも違う。だから同じ情報があっても理解は違ってくるんだと感じます。

今回、私が理事をしている自然育児友の会の全国の会員であるお母さんたちは、各地で会を立ち上げたり、避難したり受け入れたり、動きがとても早かったのですが、それは、こういうことに対してちゃんと常にアンテナを張れているって言うか、自分の行動の基礎ができている人たちが多か

ったということだと思うんです。でも、放射能の危険性について行動する人が少数のまま広がらないっていうのは、いかにそういうアンテナを張っている人間が日本の中で少ないかって言うことの証明になってしまったんじゃないかと思って。

まあ、自分で考え、行動する能力の高さを市民に求めないような教育が「成功」した結果でしょうね。ここをひっくり返すにはどうしたらいいかって言うとやはり教育しかないわけですけど。でも学校に期待できるかというと、それは無理。それと、今回、大切な次の世代を担う人たちが、一番被害を受けている可能性がある。ベラルーシでも13歳から18歳の内部被ばくがひどかったというデータもあるくらいですが、福島では中高生の避難が進んでないと聞きます。この世代にも自分から自分たちの身を守って欲しいし、また10年後には次の世代を産む世代にもなるわけで。その世代にどう訴えるかってことが実はとても大事ですよね。こうした活動を持続するって意味でも。だから、よけいに教育が大事なんですが、学校現場にはほぼ期待できないことが今回の原発事故で露呈したわけで、そこも大きな課題です。

郡山：ネットとかツイッターとかで調べて（内部被ばくのことなどを）勉強した人が、親しい友人とかとの意識のギャップなどで苦しい思いをするという話はよく聞きますよね。

伊藤：普通のお母さんにとっては、そこが一番苦しいかもしれないですよね。今、食べ物は当初に比べてずいぶん西の方面の野菜も手に入るし、測定もされるようになった。ただ、周りとのあつれきって言うのは全然楽になっていないわけです。

小学校でも、ＰＴＡの場では放射能のホの字も出ないんですよね。その年の夏休みの親子プールを中止にした時にも「節電のため」としか書いてなくて。目の前にあることなんだから、普通に出せば良いのに。そんな状態だから、お母さんたちが話すには敷居が高いと思う。どこもそうだって言います。福島なんかはもっと深刻ですよね。少しずつでも風穴を開けたいです。

■変化している食の安全に関する意識

たとえば、私が活動している地域の会でも、「今だからこそ、安全な食のために顔の見える関係を作っていこう」って言う人と「とにかく海外のものがどこで買えるか」っていう情報を求める動きがあって。でも、日本の農業は平均年齢65歳を越えているのに、ここで農業が衰退したら将来子どもたちが食べていけないってことじゃないですか。これまでもあった、日本の農の問題や農業従事者と消費者の問題が露呈したわけで、それをここでどう乗り越えていくかというのが問われている。

それに、子どもたちを守るって視点で行くと、これからは積極的に免疫力を上げて、体を作っていく視点も大切ですよね。自然治癒力や低体温の問題などにも関わるわけで。結局、今まであったことの上に、もう一つ放射能を防ぐことが加わってきて、あらためて今まであった問題から逃げ出さず、どう向き合うのかが問われているわけです。それに今までもきっと放射能は漏《も》れていたわけだし、今まで水面下にあったものが見えやすくなったんだって、腹をくくんなきゃしょうがないとも思いますね。

郡山：事故の直後には、有機野菜の売上が伸びていたみたいなんです。大阪の流通業者さんから聞いた話では、ダイエーで１００円ぐらいの普通のキャベツと２８０円の有機認証付きのキャベツが置いてあると高い方から売れていくっていう現象が一部のお店で起きてたそうです。まだ続いているかな……？

伊藤：私も事故直後はすごく悩みましたよ。もともと宅配を利用して有機農産物を選んで買っていたんですが、ほとんどが北関東産なわけで、注文しようにもできない葛藤《かっとう》……放射能と農薬とどっちを我慢するかの葛藤でした。それにしても、スーパーで売れているっていうのはすごいですよね。今まで食べ物のことにあまりこだわっていなかった層が確かに選ぶようになってるわけですからね。ここから問い直していきたいですよね。

大野：自治体や議員との連携はいかがですか？

伊藤：各地の会では、議員にもっと放射能のことを知ってもらい動いてもらうことで、何とか自治体行政を動かしたいと、議員に勉強してもらおうと資料を渡したり、時間をつくって話したりしています。議員なら仕事としてお給料をもらってやることを私たちはもちろんボランティアで必死に調べて、資料を出して、質問のたたき台を作って渡すわけです。それでも質問してもらえたら陳情や請願をするよりも強力ですからね。「なんで自分たちがこんなことしないといけないのよ」と思いながらも頑張ってる人たちが、地方議会の陰にいる。そういう人たちが地域で、市町村区議を自分たちで出そうという動きになる可能性ってあると思うんですよ。去年の統一地方選は震災直後でバタバタ終わっちゃいましたからね。次が正念場ですね。

郡山：ほぼ同じくらいのタイミングでドイツでは州知事選挙があって、福島原発事故の影響を大き

く受けて、緑の党が初めて州首相の座を獲得するという歴史的なことが起きたわけですけど、事故を起こした日本ではそうならなかった。核燃料がメルトダウンを起こしたという事実や「今までの（国民の安全より利権に走る）政治家に任せていたからこうなったんですよ」ってマスコミがちゃんと伝えていれば、違う結果だったんでしょうけど…。世田谷では脱原発を掲げた保坂展人《のぶと》さんが区長に当選して、ようやく一矢報いた感じでしたが。

伊藤：そう、あれがなかったら本当に絶望するしかない状況でしたね。世田谷は、保坂区長ということで、他とは違う動きが出てきていますよね。それでいくと、東京都は絶望的。だから、東京都内では各区立公園や学校の線量測定はやっていても、都立公園や学校はやっていなかったりするんですよ。やはり、政治を動かして、議会や首長を動かさないと状況が好転しないことはよくわかりました。

今、再稼働をとめることができれば脱原発が実現できます。でも、脱原発はあと一歩大きなうねりになってない気がします。子ども全国ネットは、とにかく「子どもを放射能から守る活動」をしていればどんな団体でもつながろうと呼びかけたので、中には反原発活動が中心の団体もあるし、原発のことは一切触れないという団体もあります。「子どもを放射能から守る」その一点だけの一致です。そんな感じのゆるやかな脱原発のネットワークみたいなものができたらいいんじゃないですか。各地の会もそこに参加したり、既成の運動団体もそこではつながれるような。

郡山：「全国会議」みたいな構想ですね。年1回でもいいから集まってとかね。

伊藤：何とかそこから頑張っていきたいですよね。

「原発都民投票」を勝ち取る！

東京・生活者ネットワーク前事務局長　東京・生活者ネットワーク代表委員

中村映子さん　池座俊子さん

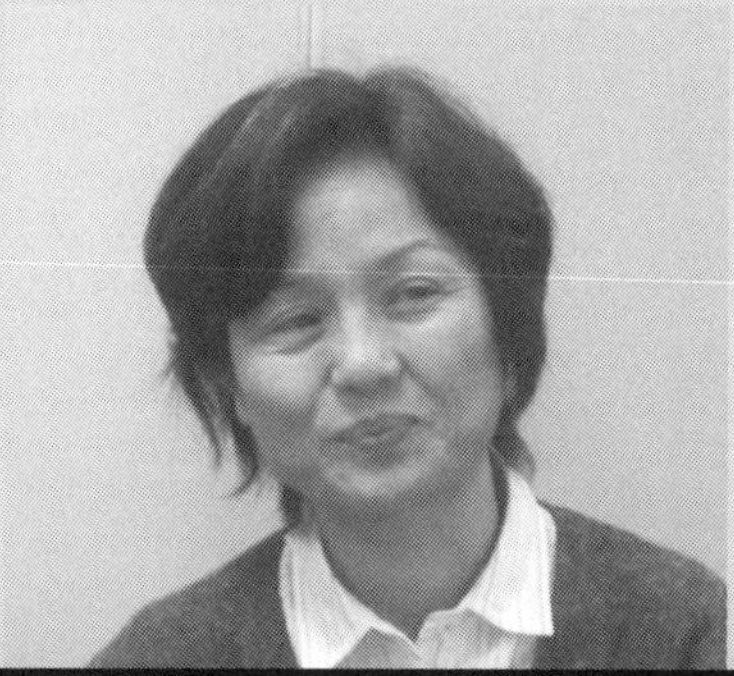

『原発』都民投票条例直接請求を実現した東京・生活者ネットワーク

東京・生活者ネットワーク：http://www.seikatsusha.net/

1977年に設立された地域政党。食の安全やリサイクルなどの環境問題に取り組み、現在、東京都内33の自治体に地域ネットがあり、都議会議員３人、市・区議会議員50人を擁する政治団体。生活者ネットワークは、1965年から食の安全やせっけん運動、ごみ問題、環境、子育てや介護の問題にも取り組んできた生活クラブ生活協同組合の代理人運動としてスタートした。現在、生活クラブ事業連合は、全国33生協の事業連合組織で組合員数は約35万人・そのほとんどが女性。2012年、福島原発事故を受けて、原発国民投票の東京都民投票に参加。

【補足】東京・生活者ネットワークは、2011年10月から、市民グループみんなで決めよう「原発」都民投票のプロジェクトに参加。一部地域を除き2012年２月９日が期限の「原発の是非を問う都民投票」条例を制定して実施するよう都知事に「直接請求」する署名運動に取り組みました。その結果、法定署名数22万筆をクリアーし、約32万筆を達成。生活者ネットワークは、この運動を通じて脱原発の「都民の意思表示」運動の重要な部分を担いました。（※インタビューはこの結果が出る前に話を聞きました）

■都民投票で「お任せ、しない政治」を実現する

郡山：まず、都民投票への行きさつからお聞かせください。

中村：生活者ネットワークは、２０１１年10月から、「みんなで決めよう『原発』都民投票」のプロジェクトの事務局を担いました。「生活者ネットワーク」として都民投票運動に取り組んだということです。東京都に直接請求して、「都民投票を行うための条例」を制定させられるかどうかが勝負です。いま、これを実現させないと「将来もう絶対に原発廃絶なんが実現できない」と思ってやってきました。

「生活者ネットがなんで都民投票なのか？」とよく聞かれます。ネットはこれまでも、食品安全やリサイクル、遺伝子組み換え作物（ＧＭＯ）に関する署名や脱原発デモ、１０００万人署名などに参加してきました。でも、その結果をどう扱うかは、結局のところ政治家の胸先三寸なんですね。政治家が危機感を持ってやってくれればいいんですが、実際はそうではないんです。最たるものがエネルギー政策。こんなにひどい事故が起きても原発はやっていくということになっていますよね。私たちは、今回の「直接請求」を「公（おおやけ）に市民が（原発について）考える仕組み」として考えなければいけないと思っています。そこに価値があると思うからです。東京都が「都民投票」条例を制定するかどうかは、これからが勝負ですが。有権者の皆さん一人ひとりに、実際に署名してもらうことで原発問題を公《おおやけ》にするという意義があると思うのです。

直接請求という市民の権利を使いこなして、都民が勉強して判断するという「お任せしない政治を実現する」ところを私たちは大事だと思っていて、そこにみんなの力を集めたいんです。けれど、それがすごく難しいんだなと最近思っています。

市民は素直に、わかったと言ってくれるけれど他の団体がなかなか加わってくれない。逆に「ネットがやっているから（他の政治団体が引くから）ダメなのよ」とも言われました。ですがネットのようなところが行動しないと、有権者の50分の1の署名（東京都で約22万筆）を集めるという、すごくハードルが高いことを、しかも選挙管理委員会といろいろと交渉して、お金も使って人手もかけてちゃんと運動を起こしてやりきる主体がないことも事実です。「もっと市民に任せれば？」とも言われます。もちろん、広く一般の市民ともやっている。地域によっては、ネットが小さくて市民の参加の方が大きいところもあるんですね。でも、市民が組織的に動くのはなかなか難しいので、ネットが接着剤というか媒介し、「みんなここでやろうよ」という感じで始めています。もっとみんなで一緒にやろうよと呼びかけたいんです。私たちは純粋に（都民投票が）都民が原発是非の決定に参加できる最も有効な手段と思うので、絶対に成功させたいから動いたのです。

ネットは「大事なことは市民が決める」と言ってきました。それで、議会にもネット議員（市民の代理人）を送り出し政策提案もしてきました。私たちはあくまで、「市民が主体」だと思っているんです。他党の議員はやっぱり「お任せ」して欲しい。今回の都民投票プロジェクトは主権者・市民を実体化できる運動でもあるのです。

■1989年に「食品安全条例」制定の55万人直接請求署名を実現！

大野：ふつうの市民やお母さんたちに急速に広がった運動になりましたね。

中村：今回、都民投票運動を最初に始めたのは、生活クラブでも生活者ネットでもなく「みんなで決めよう『原発』国民投票」という（今井一《はじめ》（※）事務局長）団体です。それを東京でやりたいといった時に、動き出した人たちがいて、その多くは普通の市民です。「原発都民投票」の方は「一般の市民」がすごく多い。組織だっていない人たち。「やろうよ！」という人たちの多くは運動に参加した経験は特にない人たちです。デモには行くかもしれないけれど、組織だっていない人たちだったので、これを達成するにはどうしたらいいか？「ネットこそが主体的に関わるべき、手を貸しましょう」ということになったんです。

チェルノブイリ事故後の1989年に取り組んだ「食品安全条例」制定の直接請求署名の時は、ネットはまったく表に出なくて、生活クラブ生協を中心に運動が展開されました。その時には日本消費者連盟などが中心となる形をつくれたので、そういうことを知っている人たちは、市民が前に出てネットが支えることが大事だということはわきまえていたんですね。ただ、その時と違うのは、食品安全条例は自分たちで（それがどんなものか）話をしないといけないし、伝えていくことが大事だったんですね。でも原発は違います。もう共通認識ができていますから。

それと、確かに今回の投票が「原発賛成の結果になったらどうする？」という心配の声も聞きます。でも、最近は（マスコミ報道などが）静かになってきてしまっているという状況もありますよね。「除染やって、補償をして、（冷温停止したから）もう政府はやることはやりました」みたいになっていないか。「いま、しっかり最初に戻って考えなくては！」きっかけはこういうことでした。

この運動に関わっているグループはそれぞれに想いがあるんですよね。私は「(子どもたちの)疎開《そかい》」をやるべきだと思っているのに、その必要はないと国は判断している。「やるべきでしょ!」って思っているのに動かないのが私には理解できない訳ですよ。そういう中で、方法はないの? 「子どもをなんとか少しでも救いたい」と。動きたくても動けない人もいるんですよ。強制(疎開)もありえるでしょう? 強制してくれれば、手放すことができるじゃないですか? 世間に縛《しば》られている人たちも。そういうふうにしてくれと言いたいんです。

私たちが「会って、肉声でしゃべるから伝わる」それを私たちがやる、生活者ネットのメンバーは市民や団体をつなぐネットワーカーなのだと思ってやっているんです。たとえば今井一《はじめ》さんの気持ちがメールでは2万人(不特定多数)に送られる。私たちは動く。顔のみえる距離で自分たちの気持ちを(手渡しで)伝えていくんです。

※今井一さん=ジャーナリスト。市民グループ「みんなで決めよう『原発』国民投票」事務局長。

■若いお母さんたちが原発問題で政治というものに興味を

池座:これまでネットの政治は、生活の中の問題を政治課題にするという方法を取ってきました。それが、これまでなかなか届かなかった若いお母さんたちが、原発問題ですごく政治というものに興味を持ってくれた。たとえば給食の放射能問題とか。公園の砂場とか地域の空間線量のこと。「本当に安全なの?」という疑問ですよね。政府の数値は誰も信じられない訳だから、そのような自分たちが気になることで、それを行政に言いに行ったりという動きがすごく出てきて、そのお手伝いをしてきました。生活者ネットも共感して、一緒にそれを行政につないだり、一般質問する。「(私たちが思っている)市民の幅を広げること」が、この問題でできていて、政治が遠いと思っている人たちにいまこそ、これがすごく近い問題なのだということをわかってもらいたいなと。いまみんながやっていることが、「政治」なわけじゃないですか？　ということをわかってもらいたい。このことを都民投票の動きの中（直接請求）でもやりたいと思っています。

私たちが今までずっと、食の安全にこだわったり、環境問題も「私やあなた、自分が加害者にならないように。加害者性を自覚することから始める」とやってきたことが、全部この原発の問題でつながるんですよ。いままで私たちが取り組んできた政策が、みんなに理解されるようになってきているので、こういうことがきっかけで残念ではあるけれども、これで一緒にやっていきたいし、いろんなことに興味や関心を持って欲しいと思っています。

地域では少しずつですがつながりができてきているると思うので。「みんなの声がちゃんと政治に反映できるよ！」（原発は）嫌だっていう気持ちをつきつける機会なのだから一緒にやりましょう、と。でも、私たちは「この都民投票は、賛成派も反対派もどっちもがやりましょう」。「自分たちで考えることが大事」、「それがこの投票の意義」だと強調してきたので、もしかすると（脱原発派の人には）「何のためにやるのかなー？」と思われているかもしれない。

■直接請求という道具があった！

大野：東京と大阪でチャレンジされましたが。どんな状況でしたか？（結果的に両方とも署名数をクリア）

池座：（もちろん原発を）なくすためにやる訳だけど、私たちは他に手段がない。これまでは「デモと署名」に「市民集会」という運動や行動をずっとやってきて「あ、直接請求という道具があったんだ」ということがわかった訳ですよね。「原発国民投票」の人たちが全体をどれぐらい見ていたかわからないんですが、文面をそのまま読めば6月から始めて8月に集会をした時に、「実は直接請求という道具があったんだね。これは東京都でも使えるね」ということになった。国民投票というすごいハードルが高いことをやる前に、「大阪市と東京都ならこれができるね」、「住民投票をやることができるね」、「じゃあやろうということになった」と「原発国民投票」の方がお話されてました。私はこの道具、「都民投票」条例を制定できるという市民の権利を、ここでちゃんと使って都民投票を実現するというミッション（使命）の主体に自分たちがなることが大事だと思うし、みんなにもそう思って欲しいと思います。

中村：「都民投票直接請求」という言葉自体が厳《いか》めしいでしょう？　それは意図的にそういうイメージを持たれるようにできているわけです。直接請求というぐらいだから、「一人ひとりが請求するんですよ」というそこです。自覚しなきゃいけないのは、「一人ひとりが請求者になるんです（だから自筆で署名してハンコまで押して）」ということを伝えないとインパクトがない。「あなたが石原都知事にこれ（条例）をつくってと求めるんですよ」と伝えると「え、そんなことできるの？」と言われる。子どもを放射能から守りたいというお母さん。原発を止めて欲しいと言える。もし、原発賛成が勝ったら、と心配するよりも、自分の意見を表明する、考えて行動することが一番大事で、結果はその時代の東京の人たちが選んだ結果だから、どう出ようと責任を取る。私は結果はついてくると確信しています。

池座：マスコミの反応でいえば、最近社説の論調が変わりましたね。朝日新聞が国民投票のことも書きましたしね。「政治を鍛《きた》える、市民が決める」とか書いていますよね。

中村：参加者からは、「原発事故の後で何かしたかった、でも、何をしていいかわからなかった」。「これ（都民投票）を始めてくれてありがとう」という声があがっています。事務所に毎日来る人たちもいますよ。仕事帰りに立ち寄ったり。ママ友がいるが、自分はすごく心配でネットでいろいろ情報を得ても、他のお母さんたちと話が合わないと悩んでいたという人もいます。「でも、ここに来たら同じ考えの人がいた！」という声もよく聞きますね。

福島でも、同じような状況。心配過剰だと言われたという主婦。情報をたくさんとっているのに、「出したらみんなに嫌がられるかしら？」と考え込んだり、「真に受けているの？」と言われて悩んでいる人が少なくない…。

郡山：生活者ネットは地域政党という理解でいいですか？　世田谷で牛乳の共同購入運動から生活クラブが始まって、だんだん食べ物だけではないテーマにも広がっていった。ネットはローカルパーティ（地域政党）としてその中から生まれて活動してこられた。でも、今回は国政レベルの原発事故の問題が起きてしまった訳ですが、国政をめざすご予定は？

池座：地域政党です。私たちは36年やっているのに、毎回選挙のたびに「何党ですか？」と聞かれる（笑）。国政をめざす予定はないですね。私たちが届く範囲でやりたい。これまでも地域にこだわって活動してきましたし、地域だから、やっていることも課題も見えて、顔も見えます。（有権者にわかってもらって）議席を確保することができます。確かに折りにふれ、「ネットは国政に挑戦しないのか？」と聞かれますが…。

大野：私は以前「みどりの会議」の事務局をしていましたが、議員は中村敦夫さんひとりでした。

でも国政調査権がありましたから、資料を出させるとか、質問主意書を活用するとか。最低限の情報開示などで貢献できました。彼は緑の党を作りたかったのだけれど、当時の日本では望み薄だと最後にはあきらめてしまいました。でも、今回原発事故の後はそれが求められていると思います。

ゼロよりはたとえひとりでも国会に議員がいてくれて、現在の国政の状況に対して風穴を開ける方が良いとは思います。本来は、生活者ネットや市民派と言われるところは連合して、例えばネットの候補者を全国で立てて、市民グループやＮＧＯが応援して、まず数議席獲得するみたいな方法もあるんじゃないか、とこういう状況になった以上考えちゃうんですよ。原発をどうやって止めるのかという時ですから…。

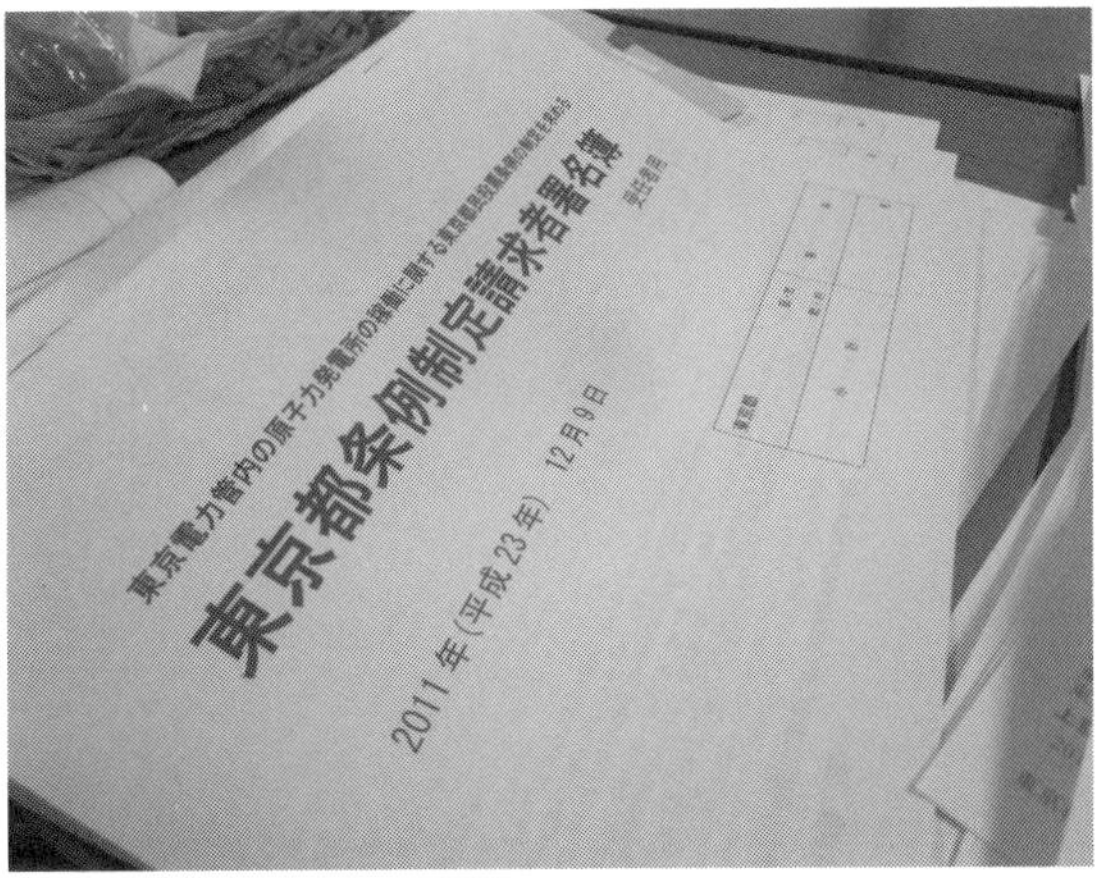

池座：国政については、誰かが発議すれば議論しない訳にはいかないですけどね。でも、（提案した政策に）賛同してくれる議員をつくればいい話で、「こういう政策をとる」というネットのスタンスを理解してもらう、市民生活が求めている真っ当な政策実現が目標ですから。だから、私たちの弱い所はそこなんです。自治体議会でも第一党を取ろうと思っていないから（笑）。そこをよく突かれる。

中村：今いる国会議員を使うことも大事です。

大野：使える議員がどれだけいますか？　第一期の民主党の時には、かなりそういう趣向を持っていたと思うんですけど今は、ずい分様変わりしていますよね？　なので、国政への挑戦を発議されては？

池座：生活者ネットワークは、現在33の自治体にありますが、会員の多くは女性です。だから女性という当事者の視点は欠かせません。女性の問題を政治参加、労働の関係から考え、個人にとって地域にとって必要な労働とは何かを明らかにし、まちの中に働く場をつくりだす、さらに市民団体やNPO支援のための方策を提案する、このように、地域の中で人とモノが適正に評価され、お金が循環する持続可能な地域経済のしくみをつくることも提案しています。生活クラブの運動からは、新しい働き方（ワーカーズ・コレクティブ）をつくる運動、研修や企画をコーディネートするNPO法人コミュニティスクールまちデザイン、都市農業の問題に取り組む農作業受託NPO「たがやす」、さらに、社会的企業に融資する東京CPB（東京コミュニティパワーバンク）などが創り出されていますね。

分権社会が謳《うた》われていますが、生活者ネットは、さらにもっと市民の「自治」に必要な分権を推進したいと思っています。地域社会や国際社会でNPO・NGOや多様な市民事業の担い手たちが、新しい社会の価値（＝新しい公共）を創り出し、もはや社会のしくみに欠かせないものになっています。生活者ネットは、経験や蓄積してきた情報をどんどん開放し、市民が積極的にまちづくりに参加することを可能にするしくみや市民が政策提案する機能をつくっていきたいと考えているし、実践している。私も、ワーカーズコレクティブのメンバーでもあるし、様々な市民活動に参加しています。「政治だけじゃないよね。社会を変えていくのは」とも思っています。

郡山：確かに社会を変えていくのは政治だけじゃないですよね。社会運動もすごく大事だと思います。でも、たとえばドイツで80年代に「新しい社会運動」と呼ばれた環境保護運動、食の安全と有機農業、反核平和やジェンダーなどの運動がありました。そういう社会問題に取り組んできた人たちが、問題を政治的に解決するために「反政党的な党」として「緑の党」をつくった訳ですが、そのことと生活クラブの活動やこれまで生活者ネットでやられてきたこととすごく共通性があると思うんですね。「緑の党」ではどの国でも女性がすごく活躍していますし。具体的な質問ですが、次の（2013年の）参院選挙は、比例区ということであれば生活者ネットとして候補者を立てるおつもりはありますか？

池座：私たちは、あくまでローカルパーティ（地域政党）ですが、2007年7月に行われた参議院選挙では、郵政造反組復党問題や年金記録漏《も》れ問題、相次ぐ閣僚の不祥事などが重なったことから自民党の獲得議席数は37議席と歴史的大敗を極め、結党以来初めて参議院第1党の座を譲《ゆず》ることになりました。野党第1党の民主党は追い風を受け、60議席を獲得。野党勢力は非改選議席と合わせて参議院における安定多数を確保。これまで隠ぺいされ続けてきた情報などが明らかにはなりました。「情報公開と分権をすすめる」「市民が直接参加できる政策協議の場を実現する」「国会に女性議員を増やす」のこの3本の柱を参議院選挙の取り組み方針にかかげた東京・生活者ネットワークは、激戦の東京選挙区で大河原雅子さん（民主党）を推薦し、全力で応援。100万を超える票数を獲得してトップ当選を果たしたんです。

大野：国会議員ひとりだけでは十分な活動は無理だと思いますよね。バックに市民を代表して物を言ってくれる政治グループがあるかどうかは実は大きいかなと思っていまして…。

池座：それでも国会に市民の代理人となり得る人を送った意味は大きかった。初めて市民による

「政権交代」を果たしたことも。ただ現在の、民主党の混迷ぶりを見ていると、政権交代とはなんだったのか、検証が必要ですね。

郡山：緑の政党ができたら、生協の組合員のような問題意識の高い市民の皆さんにはぜひ応援してもらいたいと思っています。

池座：もちろん、環境政治を語れる勢力や国会議員が必要だと思っています。

そもそも、「東京・生活者ネットワーク」は、生活クラブ生活協同組合の活動に参加する女性たちが、「政策決定の場への市民の直接参加を」と訴えて、1977年7月の都議会議員選挙に練馬選挙区から初挑戦したことに始まります。この政治運動は、市民の代弁者を議会に送る「代理人運動」として展開されました。合成洗剤の追放を掲げて闘ったこの選挙は残念ながら落選に終わりましたが、これを機に生活者の政治をすすめる組織として「新しい町づくりめざすグループ生活者」が練馬区で誕生したんです。

1979年4月の練馬区議会議員選挙で、はじめての区議を当選させることに成功し、同年10月には運動を他の地域へも広げるために「東京都グループ生活者」が結成されました。

1982年3月には、学校給食条例制定を求める直接請求運動をきっかけとして、町田市で議席を獲得。1983年1月には、ごみ問題への取り組みから保谷市でも当選。1983年4月の統一地方選挙では練馬区に加え、世田谷区・杉並区・多摩市でも議席を獲得。運動は6つの自治体に広がりました。

1985年7月には「政治を生活の道具に」のスローガンのもと、北多摩2区（国立市・国分寺市・小金井市：当時）で都議会議員選挙に取り組み、初の都議会議員が誕生しました。

都議会に議席を得たことは、都政に身近な生活課題を持ち込むという点で大きな成果を上げました。しかし、「東京グループ生活者」総体として都政を視野に入れた活動には至らず、代理人運動をなかなか超えられない状況でした。

1987年の統一地方選挙では13人が当選して議員は計16人となり、また練馬区・世田谷区・多摩市で議員の複数化に成功しました。このことで東京の「代理人運動」は一定程度の社会的認知を得るようになりました。それと同時に「グループ生活者」がまちづくりに責任を持ち、それまでの「代理人運動」の域を脱して、おおぜいの「市民の代理人」としての役割を果たすことを意味するようになりました。

また、従来型の地域完結型の活動では対応しきれない課題を前に、各地の「グループ生活者」が連携し、問題を共有化する必要が生じたことから、「東京都グループ生活者」は1988年に発展解消し、「東京・生活者ネットワーク」が新たに誕生したのです。

このように、生活クラブ生協の活動に参加する女性たちから拡がった生活者ネットワークですが、運動の一番の成果としては、地域に市民の暮らしと政治をつなぐしくみをつくってきたということなのだと考えています。市民が直接政治に参加するためには既成政党とは全く違うしくみが必要です。市民の「代理」行為として存在するネット議員。それ故、ネット議員は、常に市民が市民の意思を問い、その決定にもとづいて政治活動を行う。そして、市民が直接政治に参加するための窓口が生活者ネットワークの事務所であり、そこには市民の政治参加チャンネルがあり、活動があるということです。

3・11以降、ずいぶん人々の意識は変わってきましたが、政治は誰かに任せておく、または批判するだけ、という言わば政治アレルギーが解消されたとは思えません。そうした政治アレルギーを克服するために、もっとふつうの人が自分の生活課題を政治の場に持ち込むことができるようにしなければ。そのためには、私たち自身が直接議会に参加できるしくみが必要ですよね。私自身も生活クラブの中で社会のしくみが見えたことで、今の活動につながっていますが、特に政治的な関心が高い人間ではなかったんですよ。

大野：私も組合員ですが、そういう状況の中で何をしていくかが課題ではないでしょうか？ たとえばインターネットをもっと活用して全国の組合員が活動や学びの場を共有するとか。組合員以外にもそれを提供するようなことをしないと。

池座：確かに東京・生活者ネットワークの会員の多くは女性ですが、対話する人たちは、もっと多様です。でないと、ローカルにおいても基盤はつくれません。地域は生活の場であると同時に、市民の生活に必要な場です。このことから、私たちは地域にこだわって活動し、ローカルな政治の実態をつくってきた。議会改革を終始訴えているのはネットだ！ と自負しています。

大野：でもいくらそうした動きがあっても、国会では議員のおじさんたちがお手盛りでお金の使い方を決めてしまう。本当は生活者ネットみたいな感覚を持った議員が国会にもいないと、それがいかにおかしいかも伝わらない。やれることは国民投票や議会改革を含めてやり尽くさないとダメでは？

池座：生活クラブは、介護施設をつくったり、風車による事業所の電気を原発以外で賄《まかな》うなど、自分たちができること、まちづくりのモデルをつくっていく市民運動ですよね。議会でも、生活者ネットは生活クラブや市民活動がやっていることをモデル的に広げていくように動いている。議会の監視と政策立案。議会の2元代表制。その重大性を他の議員は全然忘れて、あげつらうようなことをやっている。この社会を変えるためには条例を提案していくことが大事なので、生活者ネットは積極的に、（これまで取り組んだ地下水保全条例、移動困難者の移動の自由の保障、子どもの権利条例など）そういう市民生活を支えるための制度づくり、本来の議会の役割をこそ、市民参加を保障しながら進めていきたい。

最初の話に戻れば、都民投票で「自分たちの意見を伝えることで政策提案ができるんだよ」ということを伝えたい。今回の（都民投票）直接請求もそれと同じことなんですね。この運動は、始めてから2か月というとても短い期間に署名を集めきらなければならなかった。有権者の1／50（2％）で、22万筆の署名が必要でした。顔見知りに電話して、協力をお願いしたり、皆さんに都民投票のことをネットやブログなどに書いてもらうのも大事です。今回東京・生活者ネットワークとしての支援を決めるのに、組織決定は即断できたんですけれど、時間との勝負だったんです。それでも地域ネットは現場ですから、たくさんの関係団体や学生などへの拡がりをつくってきました。ただ東京・生活者ネットとして、あまり多くの団体に声を掛けられなかったことは反省しています。

【「原発」都民投票の条例制定を求める直接請求の結果は？】

2011年12月9日から始まった「原発」都民投票の条例制定を求める直接請求は、法定署名数214，000筆を超えました。2か月の署名期間が終わり、市長選のために期限が延びた府中市、八王子市の署名数を含むと34万筆になりました。

署名開始1か月の時点では、わずか8万筆という悲惨な数字でしたが、新聞報道などから、このままでは法定署名数にとどかないと危機感を募《つの》らせた受任者（※）の方々が積極的に動き始めました。また、受任者の申し込みが急激に増え、「とっくに署名は集まっていると思っていた」「日本人として意識の低さを世界に露呈しては恥ずかしい」といった声もありました。街頭署名も駅前だけでなく、スーパーや幼稚園など工夫と知恵を集め、特に若い方たちが楽しんで活動していました。

この都民投票は、原発の稼働について〝みんなで決めよう〟〝みんなで一人ひとり責任を持って考えよう〟と提案しています。都議会の既成政党の議員からは、「議会軽視」という十年一日の言葉がでてきています。議会の権威、議員の権力を意識した「任せておけ」の姿勢は、オルタナティブ（代案提示）な政治を提唱してきた生活者ネットの対極にあるものです。

専門家に任せておいたから今の事態に至ってしまったこと、原発事故以降の政治の機能不全がいわれているにもかかわらず、これを機に政治風土そのものの変革が求められていることが認識できないのでしょうか。石原知事がどのような意見をつけたとしても、都議会での審議で決まります。都議への直接的な働きかけも必要ですが、どれだけ多くの人が「原発都民投票」を望んでいるかをあちこちで声をあげていくことが最大の圧力になると思います。

今回の直接請求の運動では、多くの多様な市民のエネルギーを肌で感じました。その勢い、気持ちを一点でも無駄にしないように心がけました。市民の意思をバックアップできたことは大きな喜びと同時に、生活者ネットの組織の力も発揮できたと自負しています。

（中村映子）

※受任者＝請求代表者は自分に代わって署名を集めてくれる人に署名集めを委任することができます。委任された人のことを受任者と言います。

【都議会否決】

5月10日、32万を超える有効署名をもって知事に条例制定を求めました。石原知事は、市民が原発の稼働をうんぬんするのはヒステリックでセンチメント、国に任せておくことだと反対しました。しかし、決めるのは都議会です。

署名提出後、請求代表者を中心に都議会議員へのロビー活動を開始しましたが、所属政党の判断を優先する議員が多く124人全員に会うことは叶《かな》いませんでした。一方市民は、各地で住民投票の意義を学ぶ場をつくり、力をつけていきました。都議会での審議は、総務委員会（15人）に諮《はか》られ、自民・公明の反対7、民主・共産・生活者ネットの賛成7となり委員長採決で否決されました。本会議でも、これまで精力的に関わってきた市民が180余の傍聴席を埋めた中、否決されました。

最後まで見届けた方々は、この一連の運動は民主主義の学校だったといいます。主権者の意志が反映されない政治だからこそ、決定権を取り戻すためのルールづくりを求めたこの運動は、議員を変えなくてはという思いに結実しています。

（中村映子）

ピースボート共同代表
脱原発世界会議実行委員長

吉岡達也さん

1960年、大阪府生まれ。1983年、仲間と共にピースボートを設立。紛争地域も含め全世界を訪問。2012年1月14–15日にパシフィコ横浜で開催された「脱原発世界会議」では運営代表を務めた。著書に「殺しあう市民たち—旧ユーゴ内戦・決死体験ルポ」第三書館、「9条を輸出せよ！—非軍事・平和構築の時代へ」大月書店など。

脱原発世界会議を成功させたピースボートの次の一手

ピースボート：1983年設立の国際交流NGO。紛争地帯を含む世界各国を訪れる地球一周など「国際交流の船旅」を企画し、180以上の港を訪れ民間の平和運動ネットワークを築く。2002年には、国連社会経済理事会の特別協議資格を取得。1995年の阪神淡路大震災での経験を活かし、15年以上にわたって世界中の自然災害被災地で国際緊急救援活動も行う。東日本大震災直後から宮城県の石巻市に「ピースボート災害ボランティアセンター（PBV）」を立ち上げ、継続的に支援活動を行う。2012年1月に横浜で開催した「脱原発世界会議」は、世界約30カ国からの専門家や環境NGO、政治家を含む1万2千人以上の参加者を集めて大成功を収めた。

■ピースボート＝平和の船がなぜ「脱原発世界会議」を？

大野：まず、脱原発世界会議に至ったプロセスを教えてください。

吉岡：もちろん、1986年のチェルノブイリの事故以来、原発問題に関わってきたという経緯があります。六カ所村の問題もしかりです。しかし、一方で今回の事故の直後から、そういった過去からの関わりと同時に、この問題は絶対に国際的視野で考えなければいけないという気持ちがありました。

これまで30年近くピースボートをやってきましたが、そこで学んだことは、地球上の深刻な問題のほとんどは、実は国境を超えて存在していて、貧困も戦争も環境問題も全部つながっているということ。そして、だからこそ国境を超えてモノを考えた瞬間に問題解決の糸口が見えるということでした。今の世界では一部の国だけが戦争もなく平和を謳歌《おうか》できるということもなければ、一部の国の国民だけが幸せに豊かに暮らせるということもあり得ない。

例えばパレスチナとイスラエルの問題。イスラエルはアメリカから巨額の軍事援助をもらって「安全」を確保しようとしています。そして、対テロ政策としてパレスチナに対して過酷な経済封鎖と軍による攻撃を行います。しかし、ご存知のようにテロは一向に収まりません。逆に、経済封鎖と軍の攻撃は、さらにテロを誘発します。そして結局、イスラエルという国もそして国民も「安全」ではありえないわけです。

貧困の問題も国境を越えてつながっていきます。ある国ではすごく豊かに生活できる。その隣国は非常に貧しい。そういう大きな格差が隣接する二国間や地域で存在するとそれが原因となって様々な対立や矛盾が生じる。そして結局、紛争や難民の発生という形になって表れてきます。

今回の脱原発世界会議では、原発の問題も国境を超えた問題であることが、様々な海外ゲストの発言で明らかになりました。たとえば日本が原発を輸出しようとしている中東の国、パレスチナ、イスラエルの隣国であるヨルダンの国会議員は、「(日本から) 原発を輸出してくれるな」と主張しました。理由は、「ヨルダンには水がない。なのに、福島第一原発で明らかになったように、一旦事故が起こると原発はこんなにも膨大《ぼうだい》な量の水を必要とする。そんなものをわが国に作ることは明らかに無謀《むぼう》だ。過半数の国会議員も反対しているし、明らかに私たちの安全を脅《おびや》かす政策だ」とのことです。まさにヨルダンの人々の安全の問題と私たちの原発の問題というのは、確実に国境を超えて結びついている訳です。

■「命」には国境がない。

郡山：脱原発世界会議で世界に訴えてゆく、その想いの原点は何ですか？

吉岡：私事ですが、2歳と4歳の子どもがいます。子どもができてから、大きく人生観が変わりました。今回の事故でやはり目の前にいるわが子の10年後とかを考えます。同時に、子どもを持つ福島の方々のお気持ちも強烈に伝わってきます。で、原発事故はやっぱり命の問題だという原点に帰ってきます。

命の問題というのは国境を超えます。パレスチナ人は死んでもよくて、アフリカの子どもたちは清潔な水が飲めなくてもよくて、でも日本の子どもは安全に、という論理は絶対成立しません。それがピースボートでずっと世界を回ってきて、身体に染みついたというか、体感して気付いたもっとも大事なことです。

しかし、実際はいわゆる「発展途上国」での人の命というのは、日本と比較にならないぐらい

「軽い」。たった1ドルがないから死んでしまう子どもなんてアフリカの国々にはいくらでもいる。

例えばアフリカの難民キャンプで、前回訪問した時、元気で遊んでいた子どもが、一年後に行ったらもう亡くなっていたというようなことはざらにあるわけです。そして、その子のお母さんお父さんの話を聞く。そういう体験を重ねてくると、理屈ではなくて「命に国境がない」ということが心に刻まれていく。

ピースボートで私たちが体験してきたこの「命には国境がない」ということを、まさにこの原発の問題を通じて世界に訴えていく必要がある。その思いが今回の世界会議の「コアのコア」にあると思います。

■広島・長崎のヒバクシャと福島の状況を世界に発信

ピースボートでは2008年に初めて「ヒバクシャ地球一周、証言の航海」を行い、被爆《ひばく》体験者、いわゆる「ヒバクシャ」の方々を約100人お連れして世界を回り、約20か国で被曝《ひばく》証言をしていただきました。もちろん私自身、長年、平和運動に関わってきたのでヒバクシャの方々のお話も何度も聞いていました。しかし、改めて海外でご一緒すると、いかに皆さんの存在が重要かということを再認識させられました。

たとえば、過去、ピースボートで何回か訪問している国々では、何度もヒロシマ・ナガサキの写真展やビデオの上映、また、セミナーなども現地で行っています。そのため現地のパートナー団体の方々は、ヒロシマ・ナガサキで何が起こったのか、原爆体験とはどのようなものなのか、すでに知識としては持っておられます。しかし、そういった現地の方々の態度が、ヒバクシャの方々のお話を直接聞くと全く変わる。ショックの度合いが全然違う訳です。

その時、「ヒロシマ・ナガサキのヒバクシャ」

という言葉とその存在そのものにすさまじい力があるということを再認識しました。だから、逆に言うと、広島・長崎の被爆を体験し、さらに福島第一原発事故を体験している私たちは、もっとも説得力を持って世界に対して核兵器廃絶、そして脱原発を発信できる位置にいる訳です。

もしも、その私たちがチェルノブイリの方々や核実験で被曝したマーシャル諸島やタヒチの方々とともに世界に対して声を上げていかなければ、そして福島第一原発の事故による被害の真実を世界に伝えていかないとすれば、それは、まさに人類の未来に対しての犯罪行為ではないかとさえ思います。

望むと望まざるとに関わらず、世界中に原発はあります。これから増えていく可能性もあります。ということはそこで再び深刻な事故が起こる可能性が十分にある訳です。もちろん、そこで子どもたちが白血病になり、何年か後に多数死んでいくという危険性も十分にあります。

そういった未来の悲劇的な可能性に対して広島、長崎、福島という体験をしてしまった私たちは明らかに責任を負っています。だからこそ、脱原発の声を日本から絶対に世界に伝えなければならない。それが脱原発世界会議を始める動機としてすごく強くありました。

■福島の人々に何ができるか？

大野：東日本大震災でのピースボートの活動を今ふり返って、どんな印象を持たれますか。

吉岡：震災直後に「ピースボート災害ボランティアセンター（PBV）」という災害救援組織を立ち上げて、宮城県石巻市での被災者支援活動と復興支援活動を行ってきましたが、その活動の中で国・県・市の連携が全くと言っていいほど機能していないことに愕然《がくぜん》としました。

たとえば、昨年（2011年）6月になっても温かいお味噌汁さえ飲めない被災者が数万人いた状況に対して、現地で活動していたある国際緊急支援のエキスパートは、昨今、海賊問題で有名になったソマリアでさえ、「90年代の内戦の時、難民キャンプ設営後約三ヶ月でほとんど全ての難民に温かい食事が提供されていた。どうして先進国の日本でそれができないのか」と驚きを隠さなかったぐらいです。

結局、今回の大震災で、神戸の大震災に続き、再び、日本という国にはいわゆる「想定外」の災害に対して極端に脆弱《ぜいじゃく》な被災者救援システムしか存在せず、そうした事態に対する政府の対応能力も極めて低いことが明らかになったと言えます。

ではどうするか。もう、自分たち、すなわち市民やボランティアでやっていくしかない。さらに福島の状況、特に放射能の低線量被曝に関しては国内的な支援活動だけでは全く不十分なため、国際社会に訴えて、福島の子どもたちへの国際支援の輪を作るしかないと思います。具体的には世界中から専門家や有識者の方々に福島に来てもらって、実行可能な支援策を早急に作り上げていく。そんなプロセスが必要だと思います。

■世界の「緑の党」は国境を超えた環境問題から始まった

郡山：国境を越えた平和や命への想いと、例えば世界の「緑の党」の存在を、吉岡さんはどう結びつけていますか？

吉岡：福島の子どもたちの命もパレスチナの子どもたちの命もヨルダンの子どもたちの命も、当たり前のことですが同じ価値です。実は、そのことが、世界の多くの人に本当に認識された瞬間にいろんな問題が解決すると思います。金持ちの国に住んでいる子どもたちの命も貧しい国の子どもたちの命も同じ命。その原則に立てば、私たちのすべきことは国境を超えてつながる、ということに自然になる。「緑の党」の根本的な発想はそこから出てきていると思います。いわば「緑」という概念自体がボーダーレスではないでしょうか。

元々、環境問題がドイツを中心とした中欧地域で注目されだすのには理由があって、ライン川の汚染問題が深く関わっていると聞きます。ライン川はドイツ以外にスイスもフランスもオランダも通っていて、上流で汚染が起これば、流域全ての国に影響します。そこから国境を越えて「緑」という概念が必要になる。そして1986年のチェルノブイリの原発事故で、放射能という全く国境が意味をなさない脅威《きょうい》にヨーロッパ全体が直面したことで緑の党は大躍進する訳です。

一方で、同時にNGOの必要性も認識されていく。なぜかというと環境問題そのものが国境を越えた問題だから、一つの国家では解決できない。さらに、単純に見れば国益と相反する時もある。そうなってくると、国境を越え、国益を越え、問題が発生している地域の人々の生活や命を優先して考える存在が必要になってくる。それがいわゆる「非政府組織＝NGO」だった訳です。

平和問題はそのへんが意外と難しくて、いわゆる内戦やテロを除けば、戦争そのものを国家が起こすから、国が違うことで「あなたにとっての平和」と「私にとっての平和」が違ってくる。そしてどうしても国家間のやり取りが優先してしまう。その点、環境問題は全く逆で、国境にこだわる国家が役に立たない。

だから、今年20周年になりますが、1992年、「地球環境」と「持続可能な開発」をテーマにブラジルのリオデジャネイロで開かれたいわゆる「地球サミット」が契機となって、NGOやCSO（市民社会団体）という存在が一気に活性化します。

そういう流れで言うと、今回、脱原発世界会議で、「みどりの未来」の皆さんやグリーンアクティブを立ち上げられた中沢さんらと、脱原発をすすめようとか、日本に緑の党をつくろうとか、ということをテーマに議論するというのはすごく自然というか、まさにそれも、あの会議の目的の一つだったんだ、みたいな感じはあります。「緑」が、結局、国境を取っ払って、戦争・紛争というものを押し流していくというか、バカバカしいものだということを示してくれる。私自身も元々は「環境問題」出身ではなくて、紛争解決とか平和運動をやってきましたが、なかなか平和運動で国境をブレークスルーできない時に、リオのサミットで「緑」の威力にあっと気づかされたところがあります。

■原発事故の被害も国境を超える

大野：日本の「緑の人々」が幅広く連帯し、アジア全体の脱原発や平和構築へ、そして世界へと向かって活動してゆくためにどんな条件が必要だとお考えでしょうか。

吉岡：平和問題でもそうですが、環境の問題でも島国という特殊性をどうやって突破するかということは、大きな課題だと思います。「緑」も、「日本列島の緑」となりやすい。しかし、今回、許しがたいことにあれだけの放射性物質を海に流してしまった訳ですから、悲劇的な形で「原発問題は日本列島だけの問題ではない」ということが逆証明された状況です。

一方で、韓国の東海岸の原発が事故を起こしたらどうなるのか、黄砂があれだけ飛んでくる中国だったらどうなるのか、という問題があります。しかも韓国も中国も原発をさらに建設しようとしている。中国の建設予定の原発は100を越えるとも言われている。また、モンゴルでは日本や他国から放射性廃棄物が持ち込まれるのではないか、という懸念もある。加えて、オーストラリアや南アフリカのウラン鉱山のことを考えると、原発問題というのは全く一国だけの話ではない。グローバルに考えざるを得ない問題です。

私は日本で緑の党を作るのにすごく賛成ですが、単に「日本のための緑の党」ではなくて、国益を越えた人類益を見据え、近い将来「東アジア緑の党」結成を目的とするような党作りが必要だと思います。

当面は、韓国、台湾、モンゴルといった市民社会の基盤が存在する国の人々と中心的につながるしかないと思いますが、今後は中国の市民社会へのアプローチも根気よく続けていく必要があると思います。

また、ブラックボックス化させないという意味で、非常に困難ではありますが北朝鮮の市民との連携も視野に入れるべきでしょう。

■今こそ脱原発運動が連帯するチャンス

今回の脱原発世界会議は、国際会議経験が豊かな海外ゲストからみても、会議内容と参加者の広がりという意味で驚くべきものだったようです。しかし、それは裏返すと福島第一原発の事故がそれだけ大きなインパクトを世界に与えていたということでもあります。悲しい話ですが、福島の方々の犠牲の上に強いインパクトが生み出されている訳です。核兵器廃絶というのも、広島・長崎で失われた膨大《ぼうだい》な数の命に対する歴史的な責任だと思います。福島の事故は現在進行形であり、10年後、子どもたちにどのような影響が出るか予断を許しません。そうした将来の犠牲も含めて私たちはどう責任を取るのか。その回答の一つが「緑の党」だと思うし、だから私も是非支援していこうと思います。

これまでの反核運動とかは分裂とかイデオロギー的な対立とか、本当に不幸な時代がありました。しかし、この3・11以降の脱原発運動はそうさせてはならないと思います。今なら多くの団体が一つになれるというか、連帯できると思います。脱原発世界会議でその可能性を強く感じましたし、今は本当に大事なチャンスだと思います。

■ピースボートと政治の関わり

郡山：ピースボートはNGOですが、例えば脱原発の政治的活動と組織の運営との間の温度差というのは何かあるのでしょうか。

吉岡：ピースボート出身の国会議員はいます（2名）が、ピースボート本体としては原則として特定の政党の支持はしないという方針で約30年間やってきました。ピースボートそのものの活動は地球一周クルーズであり、平和教育であり、人道支援であり、災害救援です。そして、それを通じた国際的な市民のネットワーキングです。これは今も昔も変わらない。

だから、もちろん民主党支持でなくても社民党支持でなくても参加できる。誰でも参加できる「場」です。だから、非「緑」の人がいても「緑」の人がいてもいい。

でも、同時に中心でやっているメンバーは、どっちの方向にやっていきたいのかといえば、やっぱり「緑」的なことをやっていきたいと思っている。だから、たとえば「脱原発世界会議」の実行委員会団体としてグリーンピース・ジャパン、FoE Japan（地球の友）、ISEP（環境エネルギー政策研究所）、グリーン・アクティブ、原子力資料情報室などと一緒にやった訳です。

また、過去を振り返れば1990年前後から、かれこれ20年以上、ピースボートは地球環境と持続可能な社会作りをテーマの一つとして活動してきています。

■市民社会による「緑のムーブメント」を！

吉岡：そして、これまでのノウハウを活かして「脱原発世界会議」もなんとか成功させることができました。市民社会をベースで何かを実現させていくには、いろんな人々が集い、議論をして、そして、行動を始めるための一つの足場みたいなものが必要です。それを国際的なところまで広げて作るということがピースボートの役割だと思います。

大野：ピースボートのようなNGOの皆さんに緑の政治づくりに、ご参加いただいて、ぜひ船をこいでいただけないかと期待しています。

吉岡：「緑の党」については「党」という言葉がそもそもヒエラルキーの存在を強く連想させるものなので、ピースボート的にはネガティブ（否定的）です。しかし、今の政治状況、特に原発を巡《めぐ》る政治状況を見ているとそうも言っていられない状況になりつつあると感じています。だから、「緑の党」作りも支援していきたい。しかし、その「党」は既存のものとは違い、ホリゾンタル（対等な）というか横につながる構造の人間集団であって欲しいと思っています。

郡山：例えばピースボートから候補者をとか……。

吉岡：これからの選挙についてですが、ピースボートとして候補者を出すことは簡単ではないと思います。でもその一方で、単に候補者を出すことよりもやはり「運動」を作る必要がある。「脱原発」を力強くかつ持続的に支える運動です。

候補者というのは、無理矢理ひねり出すものではなくて、ほとばしり出るものじゃないかというふうに考えています。「緑」を掲げて当選する人は一人でも二人でも多い方がいい。しかし、土台を作っていく運動が盛り上がっていって支援のネットワークが密になってエネルギーが集まれば、必ずそれなりの数の候補者は出てくるはずです。

ピースボートとして具体的に選挙にどう絡《から》むかとかは、これまで選挙に関わらないという姿勢できていますから、まず内部で十分に話さなければなりません。でも、重要なのは候補者を立てて選挙戦を戦うというよりは、力強いムーブメントを作れるかどうかだと思います。ムーブメントが広がれば社会は必ず変わると信じています。そういった意味で「脱原発世界会議」は「会議」とは銘打っていましたが〝ムーブメント〟だったと思います。

そして、それをきっかけに生まれた動きを当面は是非推し進めていきたい。たとえば、韓国環境財団の呼びかけで始まり、坂本龍一さん、吉永小百合さん、瀬戸内寂聴さん、大江健三郎さんらに加え、ノーベル平和賞受賞者らも宣言に加わってくれた「東アジア脱原発・自然エネルギー311人宣言」。また、湖西市の三上市長、南相馬市の桜井市長、そして原発立地自治体である東海村の村上村長らが呼びかけ人になり発足した「脱原発をめざす首長会議」。これらは、これからの〝ムーブメント〟として高いポテンシャルがあると思います。

大野：再度、脱原発世界会議もお考えだとか。

吉岡：12月中旬に政府主催の「原子力安全に関する福島閣僚会議」が郡山で開催されることが決まったようなので、それと並行する形で「第2回脱原発世界会議」をやるという案もあります。2012年1月の「脱原発世界会議」のモメンタム（勢い）を活かすという意味ではそれも魅力あるアイデアだと思います。しかし、スタッフはかなり疲弊《ひへい》しましたので、今はとりあえずピースボート内部での根回しに専念しています（笑）

ピースボート子どもの家代表

小野寺愛さん

波乗り、船乗り。洋上モンテッソーリ保育園「ピースボート子どもの家」代表。国際交流NGOピースボート「地球一周の船旅」の洋上プログラム作りなどを担当。地元の神奈川県逗子・葉山で、子育て仲間の家族たちと一緒に海と山の楽しさを親子で感じるための自主保育イベント「海のようちえん」を開催。自宅では土づくりから畑も行う。

人々の世界観に働きかけられるピースボート、やっていてよかった

■ピースボートの災害ボランティアセンターと私たち自身の学び

郡山：まず、ピースボートの災害ボランティア活動からお聞かせ下さい。

小野寺：ピースボートは、1995年に起きた神戸の震災以降、国内外のさまざまな災害支援に取り組んできました。なぜ国際交流の団体が国内で災害支援活動をするかと問われれば「そこに、手が必要な人がいるから」でしょうか。神戸の支援の後も、スマトラ沖地震、ジャワ島やパキスタン、中国・四川、トルコの大震災と支援活動を続け、行く度に、必要な人に支援を届けるだけでなく、私たち自身が学びを重ねてきました。

3月11日に東日本大震災が発生して、ピースボートが現地に入ったのが、3月17日でした。朝、石巻に着いたのですが、最初は支援場所など何も決めずに出発しました。石巻に着いてみると、社

会福祉協議会や市役所の方々自身も被災していて、指令塔が機能していませんでした。町のインフラのほとんども壊滅《かいめつ》しているそんな状態で「何をしたらいいですか?」からはじまるボランティアを受け入れる余裕など当然ありません。

でも「もし、ボランティアを受け入れる体制から一緒につくることができるのならぜひ来て欲しい」、そう言ってくれたのが石巻市でした。そこで、ピースボートは早い段階から社会福祉協議会の運営自体のサポートにもスタッフを立てて、先方と相談しながら、実質のボランティア受け入れをはじめました。

ピースボートがボランティア募集を開始したのは3月20日。当時、「ボランティアは時期尚早《しょうそう》」という声が上がりましたが、現場はとにかく人の手でしか解決できない被害が広がっていました。仕事の割り振りをすることができないから現地のキャパシティーがオーバーしてしまうというのは、神戸の時に経験済みでしたので、とにかく「受け入れ態勢をつくり、人を送り込む」ということをやり続けました。2012年春現在、実数で1万5千人以上、日別のべで6万人以上が活動しました。

毎週金曜日に、現地に一週間行けるボランティアを出しています。若い人達は自ら「何かしなきゃ」と思っていて、活動できる場を探していました。現場でスムーズかつ安全な活動を行えるよう、事前に東京などで説明会を実施、ボランティア希望者は被災地での心構えや安全レクチャーを受け、チームとリーダー決めを行った上で、事前にチームの顔合わせをします。メンバーのバランスをとることで体力的・精神的にも支え合いながら現場活動を行うことができました。

最初の段階では、寝袋とテントはもちろんのこと、自分の一週間分の食料と水全部を各自で持っていきました。

今はもう緊急支援の段階ではありません。漁業の復興支援、仮設住宅の支援などを続ける一方で、

「ピースボートセンターいしのまき」もオープンして、地域の人と共に、まちづくりを続けています。神戸の震災の時は、仮設住宅が建つまで支援をして、仮設が建つと、ボランティアはピースボートも含めてみんな引き上げていきました。でも、実際には仮設住宅が建った後で孤独死が増えてしまった。それを経験していたので、いまも継続した仮設住宅支援を続けています。

方法としては「仮設きずな新聞」を作り、その地域で起きていることを現地で取材してまとめ、週に一度、一軒一軒へ配って歩くことで、元気にされているか、各家庭がどんな状況か、確認しています。

高齢だったりパソコンがなかったりでインターネットには接続していない人が、あの店がまたオープンしたとか、この商店街でこんなイベントがあるとか、新聞で地域のことを知り、外に出てみようと思うきっかけとなるメディアです。

週に一度、若い人たちが「こんにちは新聞持って来ました」と訪ねると、年配の方は、それだけで喜んでくださいます。「お茶飲んで行きなさい」「あなたたちそんなこともしてくれているの。じゃあ、私もがんばらなきゃ」って。

大野：私も3月19日から石巻に入りましたが、何といっても、ピースボートはボランティアをコーディネートできる力のあるスタッフが揃ってますよね。

小野寺：現地に行っていたスタッフの平均年齢は20代後半だったと思いますが、アイデアを出し合いながら、活動の幅を広げてこれたのは、船旅を29年間出し続けて来たという経験が大きいのではないかと、皆で話しています。

　ピースボートの船旅では、３か月の地球一周を通して約20の港を訪ね、どの港でも5～10種類のスタディーツアーや観光ツアーを組みます。現地の旅行会社と話して実施する観光のツアーは比較的スムーズに運ぶことが多いですが、現地のＮＧＯや学校などと話しながら手作りするスタディーツアーは、何度も確認をしたはずなのに思う通りに行かないことがたくさんあります。

　結果として、「とにかく現地の人とその場で話しながら、現地のためにもなり、自分たちの学びにもなる内容をその場でコーディネートして帰ろう」というのを若い人達と一緒にやることに長《た》けているスタッフが、どんどん育ちます。決して現地のニーズを無視してはいけないということだけは叩き込まれている、チームを作ってみんなで動くことに慣れている、そんなスタッフが、今グループ内に約２００人います。

　神戸以降、国内外の災害現場でプロジェクトリーダーを行ってきた山本隆は、今「ピースボート災害ボランティアセンター」の代表理事です。彼と一緒に初期の段階から現地に入っていた小林深吾は、現地の社会福祉協議会に入ってボランティアのコーディネートを行っていました。震災直後から石巻の人脈を築いてきたこともあり、今でも現地で仕事をしています。新婚なのに。（笑）

郡山：資金の手当なども大変ですね。

小野寺：ピースボートそのものはＮＰＯ法人ではありません。ＮＧＯですが、日本の中では立場としては大学のサークルと同じ任意団体なので、寄付金が集まらないのが悩みでした。街頭募金以外は、本当に集まらなかったのですよ。

　他の国際協力系のＮＧＯには千万単位の寄付金が集まり、使い切れなくてバッシングを受ける例もありましたが、ピースボートに寄付しても税制上のメリットがありませんから。それで、一般社団法人「ピースボート災害ボランティアセンター」を立ち上げたんです。寄付ブームが去った後に。災害支援を基軸にした独立した団体です。

■「福島の原発事故とメディアリテラシー」

大野：ご自身が子育て中のお母さんの立場から、この原発事故をどうとらえてらっしゃいますか?

小野寺：今回の放射能被害について、関東地方に住みながらも、母親としての不安はあります。「ネガティブなことは言うな」みたいな雰囲気、ありますよね。チェルノブイリ事故の時の放射能の影響に触れれば「煽《あお》るな」とか。子どものためにきちんとした情報がほしい私にとってそれは困りますが、考えてみると、そういうことを言う人たちも被害者ではないかと思うのです。

先生の言う事は絶対だと聞かされる教育を受けて来た人たちは政府やメディア、大きな影響力を持つ機関の発表を絶対だと思い、そこから外れることを基本的には好みません。何か問題が起こってしまった時に、どうにかしようと自分で考えて動くのではなく、まず「誰の責任なんだ」「どうしてくれるんだ」と文句を言うばかりで動けない人が、残念ながらたくさんいます。

今回の放射能被害について、日本で講演会を企画すれば、もともとそのゲストやテーマに関心のある人が集まります。その場では質の高い議論が広がるでしょうが、それでは、今の日本の本当のリテラシー（知識・能力）の姿は浮かび上がってきません。

一方、ピースボートには「地球一周がしたい」という一点で全国から集まった、思想的にはさまざまなバックグラウンドを持つ人たちが乗船しているから、洋上で行う講演会への反応は今の日本社会の縮図のようで興味深いです。環境活動家の田中優さんがする放射能と原発の話、震災以降ずっと福島に寄り添い続けているフォトジャーナリストの豊田直巳さんがするメディアリテラシーの話など、ただ本当に驚いてしまう方が多い。

講師に向かって「あなたはテレビと新聞を読んでいるだけじゃ、本当の情報は入ってこないと言うんですか」という感じです。優さんや豊田さんも「残念ながら、そうなんです」と言うしかない。

でも3か月船に乗って、日本だけでなく世界各地の政治や文化、人の暮らしのあり方にふれる中で、そういう人たちのリテラシーや世界観も、変わることが多いです。

私は10年間、そういった「普通の」大人に提供する学びのプログラムを作ることを仕事にしてきました。それはそれで、とても意味のある仕事だと思っています。でも母親になってからは、大人を対象にするだけでは間に合わない、と感じるようになりました。何か問題が起きた時に、じゃあ自分はどうしたらいいか、社会に働きかけて自ら動くことができる人を社会全体で育まなくちゃいけない、って。

大学生や社会人になって突然「自分で考えろ」と言うんじゃ遅いんです。それまでさんざん一斉教育を行って、暗記力を試すテストばかりしておいて、社会に出る時にいきなり自分で考えなさいなんて、言われる方もかわいそう。

小さなうちから、知的自立や「自分でできた」という自信を育むことはとても大切です。「こぼすからやめときなさい」「危ないからママがやるわ」と自分にもできる仕事を奪われてしまう子どもがたくさんいますが、そうではなく、どうしたらこぼさないか、どうしたら危なくないか、どうしたら子どもが自分でできるかを考え抜き、そのための環境を整えられる大人が増えていかないと。

そんな問題意識から、まずは地球一周する船の上にモンテッソーリ教育（※）の保育園「ピースボート子どもの家」をつくりました。ピースボート史上初の幼児教育プログラムです。そして地元の葉山では「海のようちえん」という、大人も子どもと一緒に育つ野外イベントを開催しています。

■ピースボートに乗ってくる人たち

大野：ピースボートに乗る若者たちって、どんな意識、目的を持った人たちなんですか？

小野寺：ピースボートに乗る人は、「初めての海外が地球一周」という人も多いです。私は10年スタッフをしていて、震災後初めて乗船した今回、若者の間で情報格差が広がっていることに驚きました。

　ツイッターなどインターネットを駆使して自分で情報を集めている若者には、たとえば元は「大地を守る会」で働いていて、その後「APバンク」で災害支援をしてから船に乗り「僕がピースボートに乗ったのは、3・11以降の日本を変える仲間を得るためです」と話す人がいます。

　一方で、中学中退以降ずっと土木作業員をやってきて、居酒屋で「地球一周99万円！」のポスターを見てピースボートを知り、新聞もこれまでは読んだことのなかった若者もいます。彼らは「ソ連ってなに？」という感じで、もちろんチェルノブイリなんて聞いたことがない。福島（原発事故）のことも、当然終わったことだと思っている…というように、同じ25歳でも本当にいろんな人がいます。

　どんな若者も等しく、イベントづくりなど楽しいからと参加してくれる魅力ある人たちですが、情報の格差は確実にあります。5年くらい前にも冷戦を知らない大学生がいることが話題になりましたが、日本が戦争をしたことも知らない学生や20代、今はたくさんいます。

郡山：問題意識の差が幅広いんですね。

小野寺：知識として何かを知らないことが悪いとは思いません。きっかけさえあれば、皆いくらでも自分で調べるようになりますから。でも、彼らがもっと若かった時、小さかった時の「実体験」が少ないのかなと思う機会も増え、こちらは大問題だと思っています。

現地に行って感動して、感極まって泣くのは素晴らしいことです。でも、一緒に企画をつくっていても港を訪れても、自分の中でめぐる想いを言葉にして人と共有したり、自分の判断と責任で行動に移したりすることに慣れていない人がぐっと増えたと感じます。

これまでは18歳以上を対象に平和教育、環境教育を作ってきましたが、0歳から6歳までの人格形成期の子どもたちとその親たちへの働きかけを大切にしたいと思うようになったのには、そうした気づきも背景にあります。

小さい時から周りの人々との信頼関係や「自分でできた」という自信を積み上げ、本当に大切なことをしっかり向き合ってこれたら、世界のことを知識として知らなかったとしても、学べる機会さえ得ればすっと入り、動き出すはずです。しかも、小さな子どもたちが変われば、それを見て両親も変わっていく。保育とは、実は、何よりの平和運動かもしれないと思います。

大野：ピースボートの魅力って何でしょうね。あれだけ多くの人、特に若者を引きつける。

小野寺：ピースボートをやっていて本当によかったと思うのは、「みんな意識が高く、みんな活動家」という場で平和運動、環境運動を進めているのではないからです。

今の日本に暮らす「普通の」人たちに定期的に会い、地球一周の船旅や災害支援ボランティアという「場」を通して、ほんの少しだけ、その人たちの世界観に働きかけることができる。そしてそれが、船旅参加者だけでも年に3000人以上という規模です。地球を舞台に、行動する文化をつくる仕事。お金はないけど（笑）、夢はある仕事に出会えたことを、嬉しく思っています。

※モンテッソーリ教育とは
モンテッソーリ教育とは20世紀初めにイタリアの医学博士マリア・モンテッソーリが子どもの観察を通して系統だてた教育法。

脱原発を緑の政治の力で

「みどりの未来」副運営委員長
宮部彰さん

「みどりの未来」共同代表
すぐろ奈緒さん

2012年7月、「緑の党」結成の「みどりの未来」が目指すもの

みどりの未来：（2012年7月28日「緑の党」を結成）

1998年から活動してきた地方自治体議員のネットワーク「虹と緑の500人リスト運動」と、2002年に中村敦夫・元参議院議員が立ち上げた環境政党「みどりの会議」の流れをくむ「みどりのテーブル」が合流して2008年に発足した政治団体。地方議員60名を含む地域で環境問題などに取り組む市民ら約1000名のメンバーで構成されている。脱原発政策や福島原発事故による被災者の支援など「緑の政治」を実現するため2012年7月末に幅広い関係者の結集の下に「緑の党」を結成。基本理念は、世界約90カ国にネットワークがある「緑の党」（グローバルグリーンズ）に共通している。

【補足】2012年7月末の「緑の党」結成に向けて準備してきた「みどりの未来」。この本の取材および本の編集時は従って、まだ「みどりの未来」の名称だったため、そのままで表記をした。

なお、「緑の党／グローバルグリーンズ（緑の党の世界的ネットワーク）」は政治理念として「エコロジー」「社会的公正」「参加民主主義」「非暴力・平和」「持続可能性」「多様性」などを掲げている。（上記、共同代表のすぐろ奈緒さんは、東京都の杉並区議会議員でもある）

■「緑の党」が7月末に結成

郡山：この7月に「緑の党」ができますが…。

すぐろ：2013年7月には参議院選挙に挑戦することを決めています。3・11後、多くのメディアで取り上げていただいたことで様々な反響がありました。「既成政党には期待できない、緑の党を応援したい」「投票するところがないと思っていたのでうれしい」などの声が寄せられる一方で、「なぜ政党をつくろうと思ったのか?」「誰が政治をやっても同じだろう」「誰がやってもうまく機能しない政治システムに問題がある」という声も聞こえてきます。

政権交代しても結局民主党は自民党と変わりませんでした。公約（マニフェスト）を破り、ビジョンも語らずに政局的な議論に終始しています。そのことが国民の政治への不信感をより深めています。「消費税10%」は民主も自民も主張しているのに、なぜか争う構図になっているし、原発についても世論の7割が脱原発、6割近くが再稼働反対なのに、政府は明確に原発ゼロをめざすことを打ち出していないですよね。民意と政党がかけ離れてしまっています。国会だけでなく地方議会もそうですが、本当は、もういったんリセットして政治の仕組み自体を見直した方がいいと思います。でも、そのためには、現在の政治制度の中に入ることで今のルールを変えていかないといけない。「緑の党」が誕生すれば、政治をあきらめそうになっている人たちにも「新しい風が吹くぞ!」と希望を持っていただけるものと考えています。

■社会運動・NGOを母体として誕生

郡山：ドイツでは「緑の人々」という意味の「緑の党（The Greens）」。当時はジーンズにスニーカーで、汚れた政治ではない普通の人たちが入っていったというのが緑の党です。いろんな社会運動、ジェンダーとか有機農業、反核平和運動とか。プロの政治家じゃない人たちが（政治のなかに）入っていって作ったのが緑の党ですよね。

すぐろ：国会議員レベルでいうと昨年来日したジルビア・コッティング・ウールさん（ドイツ緑の党原子力政策担当）もベアベル・ヘーンさん（ドイツ緑の党・自然エネルギー担当、会派副代表）もそうですが、例えばヘーンさんはルール工業地帯で子どもたちを育てる中、大気汚染による喘息《ぜんそく》の問題が出てきて、それをなんとかしたいと思って地域の運動に関わっていたら、周囲の人たちから「議員になったら？」と言われて地元の議員になったと聞きました。

そして地方議会の仕事を頑張っているうちに、今度は「国政に出たら？」と言われて、気がついたら国会議員として州の農水大臣になっていたみたいな…。普通の人が政治に入っていったという意味ではすごくいいモデルだなという気がしています。

ジルビアさんも、「チェルノブイリのことがなかったら国会議員になることもなく、地方で自給自足しながら子育てを楽しんでいたと思う。議員になって、全然スローライフじゃなくなってしまった（笑）」という話をしていました。

こういう普通の人たちが議員になっていくというところが「緑っぽさ」ですよね。「みどりの未来」も同じです。現在議員をやっている人たちも、元々は各地域でいろんな市民運動に取り組んでいて、活動の延長で議員になった人が多いのが特徴です。大きな組織や団体の支援もなく、支える人たちも普通の市民が中心です。そこも他の政治団体とは異なるところではないでしょうか。

宮部：フランスでもそうです。昨年6月に来日したフランス緑の党の欧州議会議員のミッシェル・リヴァジさんは、グリーンピース・フランスの元代表です。今年のフランス大統領選挙の緑の党の候補者のエヴァ・ジョリーさんは、フランスの大企業などによるタックス・ヘイブン（租税回避地）の闇資金を「殺すぞ」と言われつつも追及し続けた勇気ある元予審判事です。オーストラリアの国会議員のボブ・ブラウンさんは脱ダム反対運動の象徴的人物でした。日本のように二世議員が沢山いる国は、ほとんどないそうです。へーんさんもドイツでは考えられない、と驚いていました。

■いのちや暮らしを大事にする政党

大野：なぜ国政にチャレンジしようと思われているのでしょうか？　地方議員としてやっていくだけでは限界があるのでしょうか？

すぐろ：先日受けた某経済誌の取材でも、「地方議員がなぜ国政に？」というタイトルでいくつかの質問がありました。「議員としてのステップアップが目的ですか？」といった不本意な質問でしたが、今の政治の中だけで考えてしまうと、そういったイメージを持たれているのだと改めて痛感しました。

私自身も「どうして議員になったのですか？」とよく聞かれるのですが、産業廃棄物汚染や戦争に反対する活動など市民運動を通して政治に行き着いた話をすると「それならわかる！」という反応があり、一気に距離が縮まる感じがしています。そもそも市民運動やＮＧＯにとっては、「まず地方政治、それから国政」という考え方はありません、両方に対して同時にアクションすることが求められますよね。

国の政治と地方の政治は密接に関係しています。国の方針によって、地方の自治体の方向性がずいぶん分と左右されます。もちろん地方独自でやれることもありますが、国の判断待ちが多いのも事実です。私たちは「いのちや暮らしを大事にする」という方向性、つまり、「経済優先ではなく、いのちや暮らしがあってこその経済」という立場に国がきちんと先頭に立つことが必要だと考えます。

例えば生活保護について、私が区議をしている杉並で言えば一般会計の1割ぐらいの約150億円が支出されます。負担割合は国が4分の3、自治体が4分の1と決まっていますが、憲法25条で保障しているのだから、本来は国が全部払うべきなんですよね。でもやらないから、各自治体の財政的な負担が大きくなる。自治体によっては「水際作戦」を徹底して、救われるはずの人が救われなかったりする訳です。あるいは原発・エネルギー政策でもそうですよね。再生可能な地域分散型エネルギーへの転換も、国の政策が変わらないと地方のエネルギー政策の転換も促進されません。

そういうことを考えると、国が社会保障や環境政策の問題をどういう考えで進めていくのかによって、地方に大きな影響が出てくる、普通に暮らしている市民一人ひとりに最終的に影響が出てくる訳です。逆に国がなかなか動かない施策も、地方自治体で独自に取り組んで成果が見えることで、国も動き出すことがあります。汚染に対する規制や情報公開が典型ですが、地方が進めた政策が最終的に国の政策を実現するというプロセスもあります。そういった意味でも、国が変われば地方が変わるし、地方が変われば国が変わります。相互が好循環で活性化することが理想です。

■少数議席の獲得でも大きく変えられる

大野：国政に挑戦しても、1、2議席では原発を止めようと思っても止められないという声もありますね。

すぐろ：最初は少数の議席でも、将来的に少数にとどまることは考えられません。時代の流れは、環境優先の持続可能な世界をめざすことが主流になってきています。地球の資源は有限なのに今の経済を続けることは不可能です。ドイツでも緑の党が誕生した当初は環境問題や脱原発への世論の関心は低く、議席も少数でした。しかし、確実に議席を増やし(2011年現在で68議席)、8年間与党として連立政権を担いました。その結果、2000年に「再生可能エネルギー促進法」を制定し、脱原発が一気に進みました。ドイツでは現在も緑の党がある意味でのキャスティングボートを握っているからこそ、メルケル保守政権が「脱原発」に転換せざるをえなかったことは明らかです。

宮部：2〜3議席の獲得だとしても、政党政治に与える政治的衝撃はものすごく大きいと思います。何しろ、戦後の日本の政党政治で、本当の意味で社会運動やNGOをやっている市民が主体となった政党の誕生は初めてのことですから。また、有権者の多くが脱原発実現のために「緑の党」への投票行動をとった結果、仮に5議席(政党要件となる数)でもとったらすごいインパクトだと思いますよ。そこを目指しています。ドイツはそうだった訳ですから。

郡山：日本の社民党とか、共産党とかもそれなりに議席を持っていますよね。でも、彼らは(原発を)止められていません。それよりも少ない議席なのに、どうやって止められるのでしょうか?

宮部：社民党や共産党の票というのは、脱原発というよりは古い労働運動にベースを持つ政党だから、そこが脱原発ということと、新しく緑の党が

「脱原発（即時廃炉）」を掲げる政党として登場してそれが5議席ぐらいとるとインパクトがかなり違うと思います。

みんなの党も自民党から飛び出すことで、少ない議席でも影響力を持ちました。行政改革とか今の日本の中央集権的な無駄遣いに対する批判の民意がそこに表現されていますから、橋下大阪市長と連携して、既成政党が無視できない政治的ダイナミズムが生まれようとしています。

それと同様に、「緑の党」が原発や環境問題と経済成長の問題や新しい社会のビジョンについて考えるきっかけを皆さんに与えることができると考えています。キッパリと脱原発を掲げた「緑の党」が2~3議席以上の議席を得て国会に登場することで、民主党や自民党の内部の脱原発議員がさらに広がる可能性があります。脱原発の民意は多数派です。世論と連携することで、政治的影響力を持つことができるのではないでしょうか？

ドイツでも環境政策に消極的だった社民党は、緑の党が登場することで環境政策に積極的になりました。政治が流動化するわけです。議席数だけで政治を考えていてはだめだと思います。そして将来的には、競争的経済成長を追求し環境や人の暮らしを破壊する新自由主義の政党勢力に対抗して、環境や人の暮らしを最優先する政党連合の推進力・触媒《しょくばい》になりたいと考えています。

■環境だけの政党というのは誤解

郡山：「緑の党」は環境政党だという人が多いですよね？

すぐろ：緑の党が掲げているのは、環境問題だけではありません。平和や多様性の尊重はもちろんのこと、経済の在り方も変えようと提案しています。「脱・経済成長至上主義」です。誤解しないでほしいのですが、私たちは経済成長を否定しているのではありません。「成長」を目的化するのをやめようということです。資源に限りある地球で、右肩上がりの成長を未来永劫《えいごう》続けることには限界がある。成長しなくてもいいから「成熟」させたいと思うのです。

これまでを振り返っても、経済成長を優先させてきたことで、人のいのちや暮らしが後回しにされてきたことは色々あります。たとえば、自動車などの工業製品の輸出を優先するために、国内の農業や林業は衰退してもやむを得ないという考え方。あるいは農作物を効率よく大量生産するために農薬や化学肥料を積極的に使用するという政策をとってきた結果、安全で安心な食べ物を手に入れることができなくなってしまったことも象徴しています。そして、会社はもっともっとと追い立てる。人々は働き続けても楽にならない。時間に追われ、お金に追われ、鬱病《うつびょう》や自殺は増え続ける。なんのための「成長」なんだろうって思いますよね。環境にも人間にも負荷をかけずに、日本の中で、地域の中で経済が循環するしくみをつくること。人々が生きがいをもって働き、十分な余暇を楽しめるゆとりある生活。生きていることが幸せだと思える社会を「緑の党」はめざしています。

宮部：「緑の党」は、環境を破壊するような経済の在り方と、人を破壊するような経済の在り方を止めさせるというビジョンが基本です。やみくもに「経済成長」を追求した結果、いろんな問題が噴出している。経済成長を優先して環境を無視してきた破たんの象徴が今回の福島で起きた原発事故だし、経済成長をめざしたグローバルな経済競争は非正規雇用を拡大し人々の疲弊と不安を拡大させているわけです。このふたつの問題の根っこは同じです。環境だけではなく、雇用や社会保障の問題を同時に解決するためにも国政に挑戦します。

ドイツ緑の党のジルビアさんやヘーンさんも言っていましたが、今の経済や社会のあり方が「利益の私物化とリスクの社会化」となってしまっていることが一番の問題です。経済成長でみんなよくなるよって思っていたけれどいくら経済成長したって「利益は私物化されて、破綻した時のリスクは社会化される」。原発事故も金融危機も、責任があるはずの企業や政府・官僚が責任を取るのではなく、最後は市民の税金でリスク回避が図られてしまう。そういう構造全体を変えるのが「緑の党」で、けっして環境のことだけ言っている訳ではありません。

■消費税問題と社会的格差

郡山：格差と貧困、そして高齢化など社会保障への関心は高く、新しいビジョンと政策が必要だと思います。野田政権のもとで「税と社会保障の一体改革」と言われ、消費税問題が争点になっています。「緑の党」としてはどう考えていますか。

宮部：いわゆる小泉改革以降、日本中で社会的、経済的な格差が広がってきています。その問題に対して、「ベーシックインカム（基礎所得保障制度）」という考え方があります。基礎的な生存権を保障されるような所得と福祉的なサービスが万人に保障されるためには、所得でいえばベーシックインカムがベストかもしれません。保守の側からは橋下大阪市長も提案していますね。彼の場合は、福祉の現物給付などの社会保障全体の引き下げとセットで、しかもベーシックインカムの額も不十分なものです。社会保障のビジョンが根本的に問われているからこそ、政治的立場の枠を超えてベーシックインカムについての議論も活発になっているのだと思います。

現物給付の拡充が前提ですが、所得保障に関してはベーシックインカムの前段で高齢者の最低保障年金とか障がい者年金とか最低賃金、これらを統一して、かつ引き上げるというプロセスが必要だと考えます。これは中村敦夫さんの主宰した「みどりの会議」の2004の参院選の選挙マニフェストにもちゃんと書いてあることとです。理念としての理想形、最終的なゴールは現物給付とセットにしたベーシックインカムだと思います。

大野：日本では税金が不公正な形で私物化されています。まずそれを解消することが最優先で、ベーシックインカムの導入は機が熟していないと思いますが。

宮部：確かに野田政権が提案している「税と社会保障の一体改革」はビジョンが欠落しています。社会保障よりも財政的な観点が優先されています。私たちは消費税そのものを否定しているわけではありませんが、野田政権の消費税増税には反対です。消費税増税には3つの前提条件が必要です。

税金が無駄な公共事業に使われてしまっているとか、二重行政や公務員給与が高いとかを含めた行政改革的な無駄の削減を、まずはやるべきです。無駄な支出に対しては徹底的に削減する。ただ、それだけでは足りないことははっきりしている訳だから、高齢化社会や格差・貧困の拡大に対応するためには将来的には増税が必要でしょう。

しかし、増税のためにも消費税がいいと言われていますけれど、これは低所得者層に対して逆進性の問題があります。だからヨーロッパでも食品や野菜などの生活必需品の税率は低い訳です。軽減税率や給付つき税額控除が2つ目の前提条件です。

さらに、その前に行われるべき増税として、相続税や法人税の増税。金融資産課税とか所得税の累進制の強化、つまりお金持ちへの増税が必要です。そういう課税を公正にちゃんとやった上で最後の段階で消費税です。

そもそも日本の税制の最大の問題は、不公正な税制が拡大し、それによって十分な税収が確保できていないことにあります。先進国のなかでも企業による税負担率は低く、税による「所得の再分配効果」は最も弱くなっています。これまでの自民党政権によって、まずは富裕層への課税が弱められてきました。所得税の最高税率がどんどん引き下げられ、累進性が緩和されました。株式の売却益など金融所得への課税は、一律20％の税率が2003年から半分の10％に引き下げられてきました。資産への課税も、相続税は基礎控除が大きく最高税率も50％であり、相続人のわずか4％しか納税していません。また、大手企業への課税も穴だらけです。日本の法人税率は40％で高いと言われてきましたが、多くの特別措置や控除制度によって課税ベースが狭くされているために、実質的な負担は巨大企業ほど軽くなっています。このような不公正な税制の仕組みを構造的に変えることが必要です。

増税問題の核心は、「政治の信頼回復なき増税はダメだ」ということですね。人々は、政府が信頼できないから増税に反対なわけです。有権者の政党や議員に対する明確なメッセージですよ。だから信頼できる政党として「緑の党」をぜひ国政に登場させたい。

■時代はグローバルな連携を求めている

郡山：みどりの未来は、緑の党の世界的ネットワーク「グローバルグリーンズ」に参加していますね。

すぐろ：あらゆる問題がグローバル化している中で世界との連携は欠かせません。私たち「みどりの未来」も2008年からグローバルグリーンズの正式加盟団体として、世界各国の緑の党と連携して活動しています。グローバルグリーンズのブラジル大会には大勢で参加しました。

2011年は、3・11の後、何度かドイツ緑の党の国会議員を招聘《しょうへい》して、講演会をしたり、福島を案内したりしました。2012年1月には、ドイツ緑の党のジルビア・コッティング・ウール議員のコーディネートにより「脱原発への道」と題したドイツツアーを催行することができました。私も参加したのですが、普通の視察ツアーではできない体験をし、州の環境大臣や自治体の首長などにもお会いしてお話を伺うことができました。ジルビアさんが州の代表を長く務めたバーテン・ビュルテンベルグ州は、昨年の福島原発の事故直後に行われた地方選挙で、初めて緑の党の首相を誕生させた州でもあります。今回のドイツツアーで、脱原発や自然エネルギーの普及に関して緑の党が果たしている役割の大きさを知ることができました。

宮部：これからの時代、グローバルな政治的ネットワークはとても大切だと思います。グローバルガバナンスの問題が決定的に重要だからです。リーマンショックに見られるようにバブルを引き起こしては破裂させ、リスクを社会化する構造をどう規制するかが問われているからです。グローバルな競争や金融の暴走を規制することが必要です。トービン税（国際連帯税）のことも含めてですが、儲《もう》け主義の資本や金融業界が好き勝手に動いているのですから。

今、年金投資信託会社ＡＩＪの破綻が問題になっていますが、この会社もケイマン諸島のタックスヘイブン（租税回避地）を利用して粉飾決算を行っていました。それは氷山の一角で、富裕者や企業が税金回避のために、グローバルで複雑なネットワークであるタックスヘイブンを活用していると指摘されています。富裕な個人だけでも、タックスヘブンに税金逃れをしている資金は、全世界で１０００兆円と言われています。その

資金運用での利益にかかるはずの税金が、毎年20兆円も脱税されていることになります。企業の価格操作による脱税も含めると膨大《ぼうだい》な額になります。

ローカルだけでもナショナルだけでもグローバルだけでもダメ。この3つを揃えながら考えてビジョンと政策を語る。一国規模だけではどうにもならない。だから「グローバルグリーンズ」という緑の党の国際的ネットワークが非常に大切になってくると思います。

■NGO・市民運動と政策で連携

大野：来年の参院選で一定の議席を目指すということですが、環境NGOなど社会運動に取り組んでいる人たちとどのように連携していきますか。

すぐろ：「緑の党」の結成に向けては、各地で環境問題や脱原発運動などに取り組んできた市民の人たちにも声を掛け一緒に進めていきたいと思っています。地に足のついた現場感覚、市民感覚のあるNGOと議論しながら政策等を作り、脱原発、エネルギーシフトについても「原発はゼロにしても大丈夫」という説得力あるマニフェストにしたいと思っています。いろんな視点を持った人たちが参加して政策協議テーブルみたいなものを作ったりして、緑の党らしさを活かしていける方法を考えていきたいですね。

宮部：全国の地域でも政策的な議論の場を持ちたい。マニフェストの案を出して地方公聴会みたいなことをやりたい。NGOや市民運動の人たちにも議論に参加してもらいたい。

ただ、政党っていうのは「トータルなもの」です。NGOはいい意味で「専門店」ですから、いろんな角度から、パッケージとしてのマニフェストを作成するために多様な活動をやっている皆さんと共に議論するというのは、政党にとってもNGOにとっても、すごく有意義なことだし、必要とされていることじゃないですかね。

利益誘導政治というか、業界の中だけでバラマキ型政治が行われてきた。利害だけじゃなく多様なテーマの運動に関わっている人たちが公共的な視点から議論し合うという場自身が日本の政治には欠けていたと思います。経済成長による成果をバラマクことでうまく成り立ってきた構造自身がもう終わっている訳ですから、成長が見込めない時代、成長を遮二無二《しゃにむに》求めなくてもやっていけるためにどうするか、そのためにみんなが討論し合う場は本当に大切だと思いますよ。

■参加民主主義と分権的政党をめざす

宮部：また参加型民主主義をめざしたい。一人ひとりの市民の自由な政治へのコミットができるような政治を目指したいと思います。マニフェスト作りにも、パブリックコメントや開かれた場での議論などを徹底していきたいと思っています。

大野：長野県知事時代の田中康夫さんなんかは、地域で車座集会とかやっていましたけど、そのようなイメージですか？

宮部：ガラス張りで、市民参加型の議論の場は必要です。すでにそれをやっている自治体も少ないけどある。でも首長自身の資質の問題に帰するのではなく、制度の問題として提言したい。住民投票や地域レベルでいろんな形で政治参加ができて手ごたえがあるものや、そういう地域政治を作っていかなくてはいけないと思います。

住民投票条例はほとんどの自治体では制定されていません。制定されていても、市民が要求しただけでは議会や首長が否定してしまう。日本の約1700の自治体の中で、市民が要求したら住民投票を義務づける条例を作っているのは、せいぜい10自治体程度です。今の政治は参加型民主主義に否定的なわけです。

だから、5%の市民の請求で住民投票を義務づける条例制定を法律として成立させたい。既成政党は原発国民投票に否定的ですが、国民投票で脱原発を決めたイタリアやオーストリアでは、有権者の2%の請求で国民投票が義務づけられています。民意と政治がかけ離れた時には、直接投票を実施できるようにすることが参加民主主義のためには必要不可欠だと思います。

すぐろ：「緑の党」が目指す政党の在り方について少しお話したいと思います。「緑の党」は、中央集権的である既成政党と異なり、徹底した分権的政党です。そして、これまでの政治の特徴である閉鎖性を一掃し、原則公開の開かれた政党をめざします。また、市民と議員が対等な関係をめざし、男女比についても、例えばクォーター制（割当て人数比制）などを導入してバランスよく性別が偏らない仕組みを導入したいと思っています。もちろんセクシャルマイノリティーの方にも入っていただいて。

現在、日本では参議院議員で女性は18%、衆議院議員にいたっては11%という低さで、世界186か国中121位なんです。地方議員も11%。ちなみに、現在の「みどりの未来」の議員はほぼ男女半々の割合です。そのあたりも他の政党とは大きく異なるところだと思います。さらに、候補者決定の方法に参加型の予備選挙も検討しています。7月に結成する「緑の党」の名称も開かれた投票で決めることも検討しています。分権・参加・多様性の尊重が「緑の党」がめざす政党です。

■できるだけ広い参加と連携を実現

大野：「みどりの未来」だけでない幅広い脱原発・緑の政治勢力の結集が必要だと思いますが、どのような緑派、市民派の広がりと連携をイメージされていますか。

すぐろ：本当に一から作っていくぐらい資金もないですし、人についてもこれから呼びかけていくところで、全国各地から、緑の党結成に協力しますとか、一緒に作っていきたいという多くの声が事務所に寄せられて来ています。昨年の3・11以降、入会する会員も急増していますし、「いつ緑の党ができるんだ？」という問い合わせも毎日絶えないくらいなので、いざとなったら人もお金も協力するよという人たちがたくさんいると思っています。そこを広げていきたいので、ぜひご協力をお願いしたいと思っています。メディアも注目してくれています！

宮部：まず、7月末に結成の「緑の党」だけでも、責任を持って国政に挑戦できる広がりを作りたいと考えています。

誰かの参加を当てにする姿勢では、誰も信用してもらえないと思います。もちろん、もっと広い枠《わく》組みでの選挙を実現することをめざします。いろんな政治的グループとの連携は当然です。既成政党に満足していなくて、新しい政党が必要だと思っている人で基本的な考え方や理念やビジョンを共有化できれば一緒にやりたいと考えています。政権交代に期待したけれど絶望したっていう人はたくさんいます。だからこそ、新しい政党が必要だという賛同やメッセージもたくさん来ていますから、そういう人たちと一緒にやりたい。いろんな人たちとの連携で選挙をやることになった場合に最も大切なことは、参加型の民主主義でいろんなことを決められるかどうかでしょうね。談合的な政治には、人々はうんざりしています。

開かれた参加型民主主義は、連携のためのキーワードでもあると思います。

■選挙資金1億円は10万口カンパで

郡山：国政に挑戦するというのは相当な大事業ですよね？　お金だけでも最低1億円。人材的なことも含めて。どのような見通しを持っていますか。

宮部：参議院選挙の比例区に挑戦するために「供託金と選挙費用で1億円」が必要というのは、事実上は庶民には被選挙権が剥奪《はくだつ》されているということです。こんな高い供託金は、いわゆる先進国では日本だけです。既成政党が新しい政党に脅《おびや》かされないための参入障壁《しょうへき》です。フランス・ドイツは供託金がいらないんですよ。日本では、まず選挙に出るために払うお金がひとり600万円も必要なんです。参院選で政党として認められるための「政党要件」を満たすためには10人候補者を立てなければならないから、挑戦するだけで5000〜6000万円が必要なんですね。ドイツやフランスはゼロです。日本は世界一高いんです。ドイツ緑の党のジルビアさんがこれを聞いて「一桁違《けたちが》うんじゃない？」とびっくりしていたのが、ヨーロッパの典型的な反応だと思います。

私たち「緑の党」は、企業や団体から献金をもらわないし、一人ひとりの市民の声援だけが頼りです。「千円カンパ10万口＝選挙資金1億円」という形で人々の支持やネットワークを広げたいと思っています。「緑の党」への期待が広がれば、お金は集まってくると思います。逆に集まってこないようではダメだと思います。みどりの未来は、昨年の統一地方選挙で「エコフェア宣言運動」というのをやって、その時にも、3・11のことも含めて100万円ポンと匿名《とくめい》で寄付してくれる人が出てくるというのは、カンパしたいという気持ちがあるのは間違いないと思います。

既成政党に期待できないなら、自ら政党を立ち上げるしかない、そのために身銭を出してでも「緑の党」を応援しようと言う人が、どれだけたくさん広がるか、それが日本の市民に今問われているのではないでしょうか。一人ひとりが政治に参加し、声をあげるかどうか。これが次の国政選挙では問われると思いますよ。そういう雰囲気になったら大成功。素晴らしいし、政治に希望が見えてくる。でも、ハードルはまだ高いと思います。デモだってかなり抵抗感は低くなったけど、まだ「デモ」っていうと少し抵抗があるのと同じで、政治もそうだと思う。「普通の人が参加している」デモ」のように「普通の人が参加している政治」を作りたいと思っています。

■希望は緑（Greens《グリーンズ》）！

大野：最後におふたりで一言ずつお願いします。

宮部：市民の皆さんには、政治に対して絶望しないで希望を持って私たちと一緒にやりましょう！と声を大にして言いたいです。有権者は政治に対して絶望しているし、愛想を尽かしているんだと思います。何度も期待して、絶望して、やっと実現した政権交代っていう大事業が、こういう形に終わったというダメージはものすごく大きいと思います。

しかし政治はなくなりませんし、政治に希望が必要です。ぜひ、希望が持てる政党＝「緑の党」をみなさんと共に作り、広げたい。原発事故の経験でわかったように、もう既存の議員や官僚たちには「お任せできない」ところに来てしまったんです。自分たちが参加して政党を作る選択をすべき時だと思います。本当の意味の参加型民主主義を実践する時が来たのだと思っています。一言で言えば、「希望は緑の党」。みなさんと共に、政治に希望の灯をともしたい。

すぐろ：若い人たちにも、一緒に政治をつくろうと呼びかけたいです。世界各国の緑の党にも若い人たちのグループがあるのですが、その活動は多彩で活発です。ドイツはたしかユースメンバー（25歳以下）だけで7000人くらいいると聞きました。自分たちのやりたいことを楽しくやりながら、その活動自体が緑の党の理念を実現していく取り組みになっているので、社会を変えていく実感があって、仲間がどんどん増えていくと聞きました。

日本のユースチームはまだ動き出したばかりですが、「政策作りの際には、『1日5時間労働』（ワークシェアリング）を提案しよう」とか、「若者が働ける場をつくるために、環境や人間に負荷をかけずにお金を循環させる雇用を自分たちで創ろう」とか議論しています。

「緑の党」は、持続可能性を大切にし将来世代への責任を最も自覚する政党です。将来世代への架け橋となる若い人たちが希望を持てる政治を、若い人たち自身が楽しみながら作り出すことを、ぜひ実現したいと思っています。

（2012年7月28日「緑の党」は正式に結成されました）

グリーンアクティブ代表　人類学者
明治大学野生の科学研究所所長

中沢新一さん

グリーンアクティブ：中沢新一氏を中心に文化人、運動家などが集まり、2012年２月に発足したネットワーク。内部に様々な独自の運動体を包括する。「脱原発」や「TPP」反対などを掲げる人々が緩やかな連帯と政治的運動を模索し、原発に頼らない地域社会作りや、農的運動、自然エネルギーへの転換を進めている。

グリーンアクティブ運動と脱原発、そして緑の政治の結集

■グリーンアクティブについて

大野：３・11から1年以上経った訳ですが、この間、中沢さんはグリーンアクティブを立ち上げられました。その中から「みどりの会議」という運動家の人々の話し合いの場も生まれて来ています。このあたりの活動について聞かせてください。

中沢：グリーンアクティブというのは大きなネットワークで、その中に色んなグループが入ります。例えば僕らがやろうとしている運動は第一次産業と地域経済の新しい形態をつくりだして行こうと言うもので、これも一種のネットワークですね。

他にも社会学者の宮台真司さんがやろうとしているのは草の根の世論をいかにして政治力にしていくかというテーマで、インターネットを通じた「コンセンサス（合意形成）会議」、それから、いとうせいこうさんたちのＯＰＫ（オーペーケー）運動という新しいデモの形態、これは川上音二郎

（※）のオッペケペー節のもじりですね。音楽が凄く重要で、楽しいデモにすること。お祭りのような運動を行うことによって、政治スローガンを叫び続けるというスタイルをやめちゃおうって。もっと今の若者たちの体に対応して、例えばダンスを通じてデモを作り直して行こうと。

「みどりの会議」については、脱原発などの問題に対して日本中で活動している方々に一同に集まって頂いて、それぞれの動きを知り、これから何が可能なのかを見極めようと会合を開いて来ました。印象としては、それぞれが孤立しているなと言うことと、一つひとつの問題意識はあるんだけれども、それが大きなビジョンに繋《つな》がってない。僕らは糊《のり》として働こうと考えて来たけれど、どうも糊だけじゃ駄目で、こちら側からビジョンを描いてそこに参画を呼びかけて行く必要があると考えるようになっています。

※川上音二郎＝明治時代の俳優。寄席に出て、オッペケペ節で人気を博し、１８９０年に歌舞伎に対し新演劇を興した。（１８６４〜１９１１）

郡山：でも、そんな中から加藤登紀子さんらが「緑の鯉《こい》のぼりを、脱原発のシンボル」にしようというアイディアも生まれましたね。

中沢：グリーンアクティブらしい成果といえばまだそんなところです。ただ、毎回会議が終わった後に懇親会をやるとみんな非常に和気あいあいと仲良くなるんですが、それが実際の活動に結び付いて行かなくて、会が終わると元の組織の意識に戻ってしまう。何をきっかけにしてそれを乗り越えて行くかと言うと、やっぱり国政選挙なんじゃないかなと今は思うようになっています。

僕は、最初は「グリーンアクティブ」で候補を立てる必要もないし、日本では韓国のようなネガティブ選挙（落選運動）がやりにくいから、それを反転して、脱原発と反ＴＰＰを掲げる候補者を応援する「グリーンシール」運動をやろうと思っていたのです。しかし、最近になって30代くらいの若い人たちが、自分たちでも政治参画したい、立候補したいと言い出して来ているんですね。

大野：具体的には、どのような人たちですか？

中沢：割合有名な人たちですよ。農業運動をやっていたり、ミュージシャン、俳優、そういう人たちなんですけれど。僕が「緑の党でいいじゃない」って言ったら、それでは物足りない、と言うんです。昨日も、ある著名な若手運動家が来て、反貧困の運動やグリーンアクティブなんかをベースに7項目くらいのアジェンダだけの共通点で結び付いたプラットフォームを創り、それを器にして選挙に立ち向かって行った方が良いんじゃないかと提案していました。それは僕も考えていたことなので一緒に可能性を探って行きたいと思っています。

大野：特に衆議院選挙は、幅広い結集がなければ絶対に勝てないですからね。3・11を超えた状況の中で、市民の側も自分たちの組織の論理で物事を考えるのではなくて、日本の状況を変えるために「手をつなごう」ということですね。

中沢：そうです。そうした広い大同団結の中で共通の候補を立てるってことだと思うんですね。緑の党にもその一角を担ってもらうイメージかもしれません。そういう若い人たちと話していたのは、彼らはお金が無いから「インターネットのドネイション（寄付）でやります」と。彼らのアイディアと活動量があれば、4、5千万円だったら集まるんじゃないかと思いましたし、そういうやり方が可能かなと僕も思い始めています。

今までは、僕らが独自に候補を立てると、我々に近い政党の議席を喰ってしまうんじゃないかと言う気持ちがあったんですけれども、ここは意識変革が必要なんですね。むしろオルタナティブ

（新しい、代わりの）な国政参加とは何かという視点から考えたいと思います。今までの政治の枠組みを壊さないと、新しい政治も生まれない訳ですから。例えば、菅直人さんのグループなんかも、そうしたことを一緒に模索して下さるなら、大きいネットワーク状の大同団結のものを創って行くことも可能かもしれないです。

郡山：今の国政の中で本当に脱原発を目指すグループとも連携して、脱原発の動きを確実なものにすると言うことですね。もしそうなればインパクトは大きいですね。国政選挙というものに対して、何かハードルのようなものがあるとすれば、どんなことですか？

中沢：若い人たちの考えを受け入れるために、色々考えていて痛感したのは、日本において人材の層が薄いということです。決定的に薄いのは40代、50代。そうなると、これからグリーンな政治家を養成していかなきゃいけない。となると20代から30代初めということになります。彼らがイニシエーション（突破口、通過儀礼）として今回の選挙に立ち向かって行く。例えそこで敗北しようが、次の時代のグリーンポリティシャン（緑の政治家）になって行く。10年先、20年先を目指す訳だから、僕らのような人間が立候補しちゃ駄目です。僕らは、そうした若い人たちのバックに居て、そういう政治家を養成する場所を創っていく。若い人たちを上へ押し上げて行く運動にしないと未来はないですから。国政選挙というのは、彼らにとってかなり過酷なイニシエーションです

けれども、それも必要なことですからね。

あとは、それぞれが自分たちの得意分野を活かすことが重要だと思います。例えば「みどりの未来」の場合は、もともと地方議員の集まりな訳ですから、地方議会で着実に議席を伸ばしたり、地域で市民意識を変えて行くこともより積極的な命題と捉えて頂けると、若い人たちからの信頼も大きくなると思うんですね。国政選挙はお祭り的な要素もある訳ですから、それぞれの人や組織がより大きなムーブメントの一翼を担っている気持ちを意識的に育てて行くことだと思うんです。緑の勢力に属するそれぞれが候補者を出し合って、力を合わせる以外にないんじゃないでしょうか。

大野：脱原発、反貧困、グリーン、お母さんたち、そして未来世代といったテーマを持った代表を候補者として出して行くイメージでしょうか。

中沢：そういうのができれば、橋下氏とは異なる、本物のオルタナティブの芽になり得るんじゃないでしょうか？

郡山：そうした政治を実現するために課題だと感じていることは何ですか。

中沢：日本では、市民社会が成立していないと言われているように、住民と権力とが分離してしまって、その間をつなぐツールがほとんど無い。それが一番ひどい状態で現れているのが原発立地の問題だと思います。日本は村社会が根強く残っています。そこへいきなり欧米型の市民運動を持って来て、都市の論理で外から揺さぶっても駄目なんじゃないでしょうか。大飯《おおい》原発に関しても、村の人たちだって、大多数が心の中では反対している。でも、それを口に出したとたん大変な圧力にさらされることになる。だから、思っていることを口に出しても恐れる必要のない場所をつくらなきゃいけないと思っているのです。

そのために先ず、原発立地である福井県の小浜市で地元の人たちとの対話の場を準備しています。関西電力系の原発が一番多い福井を舞台にして、住民が発言できる通路を作って行きたい。彼らが発言した途端、政治に影響を与えるでしょう。

それからもう一つは、この夏を乗り切れるかという問題。エネルギーシフト社会を前倒しで実践して行く運動を、この夏関西で実行して行こうと思っています。これは、打ち水、団扇《うちわ》、こういうものを総動員して、楽しくやると言うことですよね。「節電」というと後ろ向きですから、エネルギーシフトした社会を前倒しして、新しいライフスタイルを創って行く運動にしたいのです。

それと同時並行して日本の産業構造を変えて行かなきゃいけない。そのための準備として農林学校を創ろうとしています。（これは音楽プロデューサーの小林武史さんと一緒に動いています）淡路島での農業の取り組みや、世田谷で「くくのち農学校」を始めようとしています。今、四谷でやっている「くくのち学舎」を拡大して、東京でも第一次産業的なものを組み込んだライフスタイルを創って行く。例えマンションに住んでいても太陽の恵みを直接受けられる生活形態を創って行きたい。そのためには意識を変えて行かなきゃいけないから「農業とは何か」と言うことと有機農業の技術を教えて行く学校を創って行こうと思っているんですね。林業も非常に重要です。これは岡山の西粟倉にある「森の学校」と提携して行って。そういうものを全国にいっぱい作ろうとしています。これは、とても長い時間をかけた計画です

こうした動きは、今ある日本の政治イデオロギーの区分けの中にはどこにも入らないのです。地域経済を再建しようとしているので。ある意味で地域経済を壊そうとしているグローバル経済に対する抵抗を考えていかなきゃいけない。それは一面で左からの運動の側面も持つ。しかし、地域そのものから立ち上げる新しいシステムと言うのは、地域に根差さなきゃいけない訳だからこれは結局

保守なんですよ。ということは保守と左翼の対立はこの中には組み込めないいし、中央で今行われている政治システムの中にも入り込まない多様性も持っています。

宮台さんもそうだし、いとうさんも同じような考えでしょう。ぼくらのデモの後ろに日の丸がはためいていたって構わない。こっちの方に赤旗があって、日の丸もあって、そんなこと構わない。ただ、そう言う自由な幅の広い運動形態をしていると、今の議会制政治の場面の中に影響を与えていくことが難しい。そう言う意味でもオルタナティブな政治参加が必要なんですね。

大野：そうした場合の「みどりの未来」との関係については？

中沢：「みどりの未来」とは政策協定を結んで、共通にできるところは一緒に組んでいきたい。最初の予定だと「みどりの未来」の方も2013年の参議院選挙だけ考えていたけれども、衆議院の解散なんかがあった場合なんかも一緒に動いて行けばよいと思うんですね。社民党の一部の人たちもあぶれて出てくるかも知れないし、民主党も何人か出てくるかもしれない。そういう人たちも含めて緑の同盟のようなものをつくって、いずれ時間をかけて政党に成長していくようにすれば良いと思うんです。だから、どこが主導権をなんてことは関係ないんです。

名前だって、「緑の党」でも、「みどりの未来」でも、「緑の日本」でも何でもいいんで、とにかく緑の人々として大同団結することです。総選挙に沢山の候補者が立てられない場合でも、民主党でも自民党でも、「緑の意識」に賛同する人たちには「グリーンシール」を貼る運動も同時にあって良いと思います。そのマークのない候補者は落としましょうってことですね。

今の議会制民主主義の中の政治機構も思想もあまりに狭いし、現代の色々な問題に対応していない。それから経産省や経団連の動きや意向とほとんど一体になってしまっている。それをどうやって突き崩して行くのかってことに関して、今どの政党も有効な手段を持っていない。そうするとこれは今ある政党の枠の中で運動をやっていくだけじゃ駄目なんです。

一方で、僕自身の関心は、祝島（※）の人たちとか、岡山県の西粟倉村で林業やっている人たちと一緒に、現実の地域経済を回したいんです。エネルギーと経済に関して、新しい地域自立経済形態を創りたい。その運動を通して日本を草の根の方から変えて行くことが少しでもできればよいなと思っている訳です。

※山口県の祝島は瀬戸内海に浮かぶ小島。対岸に計画されている中国電力の上関原発に対し30年にわたり島をあげ反対している。

■グローバリゼーションと日本の社会

大野：ドイツなんかの場合はいわゆる市民社会がしっかり根を張っていて、そうしたものに依拠して緑の党などが活発に動けたという話がよくされます。この点に関してはどう思われますか。

中沢：市民社会の構造が、ヨーロッパと日本では違いますから。日本の場合の市民というのは、ヨーロッパの概念から言うと市民じゃないんですよね。まだ、農民から切れて時間が短いでしょ。そこが日本のある意味で言うと未来性でもあるということで。左翼のまずい点は、その部分を切っちゃうから。農村が保守層の温床だったと言うこともあります。農業そのものの保守性が持っている意味を積極的に汲《く》み取れなかったです。だからどうしても市民と言うと、世田谷市民とか、三鷹市民とかそういうのが中心になるじゃないですか。でも、それでは新しい運動の主体としては力不足です。主体にならない。「農村が都市を包囲する」という毛沢東の古い考え方がありますが、それを現代風に作り替えて、第一次産業のように直接太陽のエネルギーと大地に根ざした勢力と言うのが、都市的なものを包囲していくことによって日本を変えていくという大きな戦略もありではないでしょうか。

郡山：僕は20年ほど有機農業に関わってきたんですが、地方に行けば行くほど、農協（ＪＡ）という大きな存在があって。そこが当時は科学的と言いながら農薬と化学肥料を使う農業っていうものを広めて行った。

中沢：農薬の使い方を見て行くと、農民を脅迫《きょうはく》していますよ。これをやらないと商品はできませんよって。僕の田舎は山梨で、桃の農薬はものすごいんです。そこでお百姓さんたちは自分用の桃には農薬はかけない。

田舎に帰ると、ＪＡが有線放送して、一日に3回か4回は農薬の散布指導です。こんなに大量の農薬散布をして販売して、農機具をローンで買わせてっていうことをやって、まあ農民は一生涯あのくびきから逃れられない。本来、農民は農協の組合員なのにあれでは組合員とは言えないですよね。今回のＴＰＰなんかに関しても、ＴＰＰを進めた方がいいって言う人たちにも一理あると思います。今みたいな状況で農協がこのままだと日本の農業は内部から崩壊する。

でも、農業に関しては外圧を入れたら、たちまち有機農業なんて言っていられない状況になる。グローバル企業の遺伝子組み換え種子と飼料と除草剤とそれらが一体となった農業が怒濤《どとう》のように入って来て、日本の農業は壊滅《かいめつ》してしまう。となると、JAを内部から変えて行くしかないのではないでしょうか。JAの中にも「このままでいいんだろうか」って疑問を持っている人たちもいますよ。本来の組合、それから21世紀の日本の農業を考えながら、JAが少しでも変わって行くようにお手伝いしたいと思っているんですね。

農業をやると言うことは何なのかってことをはっきり哲学的にも経済的にも教えて伝えて行く場所が必要じゃないですか。岡山の西粟倉村でやっている「森の学校」は林業のノウハウから第一次産業の哲学的な意味まで伝えようとしていて非常に参考になります。そんなものをいっぱいつくっていけたらなって思うんですよね。日本の〝緑〟の一番の足腰の部分ってここじゃないですか。

郡山：「農業の思想」というか考え方を伝えるっていうのは、あまり聞いたことがありません。でも農業って言うのはものすごく大事な仕事ですよね。ヨーロッパで有機農業に対してちゃんと補助金を付けているのは、有機農業が景観を守ったり、環境を保全しているからですよね。それこそ、有機農業団体や環境NGO、緑の党が頑張って環境に優しい農業を支援する政策を導入したから20年間も成長を続けてきました。オーガニック食品の市場規模は3兆円に達しています。

大野：一方で、それもグローバル経済と絡《から》んでいますよね。グローバルな流通では、単一で規格に合う物を大量に安く生産しグロス（全部込み）で取引する。この仕組みが世界を覆《おお》ってしまった。それに対して、本来多様である農村文化がどう対抗して行けるのかという話でもあると思います。

中沢：フランスなどの反資本主義政党が言っていることは、スーパーで売るような単一の農産品ばっかりつくるのは止めようよって。資本主義の問題は具体的にはそういうところにあらわれます。

そこから何とか押し戻して行くことをやらない限り変わらないと思いますね。

大野：思想に関して言うと、海外ではスモールイズビューティフルのE・F・シューマッハとか色々いますよね。日本でもそんなふうに旗を振れる人たちがもっと出て来ないといけないと思うのですが。

中沢：日本でいえば、二宮尊徳（※）がまさにそれでしょう。農業技術の向上をしながら、「講」の組織を利用して強固な農民組織をつくり、農村を作り替えて行った。全体の哲学も彼は語っています。そういうものは日本の中にあります。

ようするに、日本人による「緑の変革の思想」をつくっていかなければということです。政治のシステムを変えるだけでは足りません。政治も巻き込んだ日本文明全体の仕組を変えていきたいのです。

※二宮尊徳＝江戸末期の篤農家。通称、金次郎。相模の人。陰徳、積善、節倹、殖産を説いた、実践家。（1787〜1856）

グリーンアクティブ
「緑の日本」代表

マエキタミヤコさん

緑の日本は、「グリーンアクティブ」の政治部門として2012年2月に設立された「日本独自のエコロジー政党」。脱原発の政治家を選ぶ「グリーンシール」運動を提案したり、国政選挙に挑戦すべく日本中を駆け回っている活動家。原発に頼らない地域作りや自然エネルギーへの転換を目指す団体などとゆるやかに連帯していく。

民主主義が故障している日本に、議員と市民を動かす政治を！

■77％の脱原発依存の人々の可視化

大野：マエキタさんは、この2月にエコロジー政治団体の「緑の日本」を立ち上げられましたね。

マエキタ：先日の新聞に、意識調査で「脱原発依存が77％」と出ていました。その中で、初めて男の人が50％上回ったそうです。不安も被害もこれからどんどん明らかになってくる。そんなこと言っても死んだ人はいないじゃないかと言う人もいますが、5キロ圏内にあった双葉病院では50人の方が「防ぎえた死」が回避できず犠牲になっています。そのことはまだあまり報道されていません（2012年4月19日現在）。津波の被害を特集していた番組を見ていて思ったけど、多くの人がリスクに対して鈍感なのは原発があるからだと思います。原発という危険な装置は民主主義を低く保たないと維持できない。情報公開をはばむことで国民の情報センスを鈍らせて本来であればみんなが選択しないようなものをムリムリ選択させてきた。原発事故リスクの認識が市区町村に行き渡っていないがために、多くの人が必要以上に犠牲になったのではないかということに腹がたつわけです。

政治ってもっと朗らかで、快活なものなんじゃないか。こんなに不安だったりおどおどしたり声が小さかったりするのはおかしいんじゃないか。その原因はきちんと民主主義を積み上げていってないからなのではないか、と思っています。

たとえば明治維新政府の司法卿だった江藤新平の業績評価がまるでなされていないこと、知られてすらいないことを非常に不審に思います。明治大正昭和という時代の流れの中で、人道主義や差別や身分制度や民権や民主主義は、どのように進化してきたのか。いまこの時代を生きる大人は民主主義に対してどのような態度で臨まなければならないのか。意志のベクトルを確認する作業が必要だと思います。この世の中はもう、政治的なことや言いたいことを言っても、逮捕されたり殺されたりしない社会になったんだよということを周知徹底させたい。みんなが発言の自由をのびのびと満喫できる社会にしたい。77％の脱原発依存と言う人たちの意志を可視化したい。それには政治が、国会が、正面土俵です。そこから逃げないでやろう。時間はかかっても。

■エネシフジャパンという運動

郡山：マエキタさんたちが始めた「エネシフジャパン」ですが、この運動の目指すものは何ですか？

マエキタ：昨年（2011年）3月に福島原発の事故が起きた後、前環境省審議官の小島敏郎氏や阿部知子衆議院議員と一緒に「エネシフジャパン」を立ち上げました。超党派の国会議員と一般市民による共同の勉強会です。エネシフジャパンの特別青空教室バージョンとして「エネシフトウ（党）を立ち上げよう」というデモイベントもしました。菅総理バッシングが激しくなり、このままだと脱原発の動きも止まってしまうという危機感が高まった時に、「それならいっそのこと菅総理、脱原発解散してください。みんなで立候補して国会の勢力を塗り替えましょう」という心意気でした。それまでも植林運動を全国で展開する正木高志さんや、平和運動家で活躍するエコロジストのきくちゆみさんと「みどりの100人リッコーホ」という活動の呼びかけを準備していたので、その数を100人を1000人へと変更、地方議員でも国会議員でも、とにかく環境を守りたい人は立候補を視野に入れてください、準備してください、と呼びかけました。

政治のリアリティーは、自分たちが主体なのだというところから始まります。主権在民は自動的には機能しません。文句を言うことだけでは民主主義は現実化しない、文句を言うことだけでは参加にはならない。社会を良くしたい、という気持ちを持つのなら、いざとなったら立候補するぞ、と覚悟する。そして、原発事故が起きてしまったのにまだ原発と決別できそうでできない今こそがその、「いざという時」です。最たる環境破壊が原発事故です。環境を守ることは人類の健康維持と持続可能の素地です。環境破壊を徹底的に防ごうとする社会合意を形成できないのは、民主主義が故障している証拠です。急いで修理しなければなりません。

みんなで立候補すればクオリティー（質）も高

まる。今、クオリティーが低いのは、立候補する人が少ないから。政治家が憧《あこが》れの対象ではなく、逆に嫌われていて、立候補すると「あの人の政治道楽も行き過ぎた」と言われる。「立候補するなら離婚です」という奥さんがいる。それもこれも、一般市民と政治との関係がちぐはぐで、だから意見交換がスムーズに行われず、だからますます民主主義が劣化するのではないかと思うのです。

■政治の言葉が曖昧《あいまい》、官僚の都合で

大野：マエキタさんは、民主主義や官僚への視点が実にシャープですね。

マエキタ：政治に関する言葉の使われ方も問題だと思います。テレビのニュースでは、「国が」「政府が」という主語がよく使われます。「国が」という場合、「閣僚が」という意味の時もあれば「関係省庁が」という時もあり「総理が」という時もある。つまり曖昧《あいまい》なのです。なぜ曖昧か。曖昧にしておいた方が官僚にとって得だから。民主主義の手続き上、判断責任は政治家にある。でも実体は経産省や財務省が政治家に上げずに決めていることがよくある。けれどそれは民主主義的に批判を受けるので、表面上「いや決めたのは官僚ではなくて政治家だ」と演出したくなる。だから「国が」という奇妙な主語になり、政治家と官僚は一体だ、という雰囲気を醸《かも》すのです。これを放置しておいてはいけません。

政治家への文句の半分はマスコミへの文句だったりします。その判断責任が政治家に由来するものなのか、官僚に由来するものなのか、厳密に分けて論じることが必要ですが、マスコミの責任もまた、このドロドロの中に融《と》けている時があり、しっかり見分けることが必要です。「国」や「政府」ではなく、「与党」「官僚の「だれだれ」」「だれだれ議員」「内閣」「○○新聞」「△△テレビ」を、わかったふりをせず、言い分ける、聞き分ける。これが大事です。

郡山：実際分かりにくいですよね。例えば官僚の制度では審議官と局長ってどっちが上だか全然わからない。

マエキタ：わざとわかりにくくしてる。どっちがどっちに命令してるのとか、だれの意思でそうなっているのとか、責任の所在を曖昧《あいまい》にすることで延命策を計っています。

郡山：そういう意味では政治の機能が足りないんですよね。

マエキタ：自民党時代の末期、与党政治家が官僚に、おまかせ丸投げ依存をしていたことがバレています。本来、政治家は立法家。法律を作る人のはず。ところが自民党時代の末期は「議員立法」という言葉がわざわざできるほど、議員が法律を作ることがめずらしくなってしまった。一番議員立法したのは田中角栄です、とよく聞きますが、逆に言えば田中角栄以降は議員が立法しなくなった、政治の官僚依存が高まった、ということです。「むらの選挙」（太田忠久著）という40年前に書かれた本があります。その本の中に、選挙がまだ普通選挙ではなく階級選挙だった頃の話があり、とても興味深いのでぜひ読んでください。

この本の中には面白い話が沢山ありますが、江戸時代の日本は封建制度。江戸から明治へ変わった時に農村部は混乱したのではないでしょうか。そこへ最初の選挙が等級選挙として入ってきて、家制度や男尊女卑の文化と相まって、人々の心に「お金持ちの偉い男の人が政治をやるのが民主主義」と誤って焼き付いたのだと思われます。抜きがたい不思議な戦争ごっこのような勢力争いが、政治の醜態《しゅうたい》として、選挙の度に晒《さら》される。金権政治や賄賂《わいろ》は当たり前、政策や思想や倫理観ではなく、血縁関係が全ての投票行動に勝る現実、民主主義の機能不全が、その本にはたくさん書かれています。現在の日本における立候補の条件、供託金が300万、比例区は600万円、ということとも直視しないといけません。日本の民主主義はスタート時点で等級選挙だったため、納税額で選挙権のあるなしが決まりました。その尾は今も残っています。選挙はお金持ちがするものだという思い込み、政治家は表では崇《あが》め奉《たてまつ》って裏ではこき下ろす、という文化、どれも今こそ返上しなければならないものです。

大野：確かに今でも根強く残ってますよね。地方選挙なんか特にそう。先生、先生ですからね。選挙に出る人は町の有力者やお金持ち。世襲議員と土建者など利権関係者ばかりだし。

マエキタ：脱官僚依存には、一般市民がちゃんと見てるよという姿勢の表示が不可欠です。政治家に対しても、ちゃんと評価してるよ、ということが伝わらないといけない。政治に関心がないと言っている時点で、もう改革は不可能です。変えたいのなら、自らの興味を喚起《かんき》しないといけない。議会とか国会とか地方議会から目をそらさせようとする人たちの罠《わな》にはまっていてはいけない。罠にはまってませんよ、という証明を、意思表示をしないといけない。みんなで立候補しようよ、という呼びかけはその一環でもあります。

脱原発が進まない状況や、環境を守れない社会を改善したいのなら、文句を言っている暇を惜しんで、文句をいうエネルギーを立候補に向けましょうよ。供託金をゼロにするために。

■みんなで政治団体を作って みんなで立候補しましょう

大野：政党を今作ろうとか、そういったことじゃなくて、そういうムーブメントを、と?。

マエキタ：政党も作りましょうよ。そのためにもムーブメントもやりましょうよ。5人の現職議員が政党の要件ですので、最初に作れるのは政党ではなく政治団体なのですけれどね。政治団体作るのは簡単です。民主主義の国だから、政治参加は誰にでも開かれていないといけませんから。みんなで緑系の政治団体いっぱい作って、みんなで立候補して、政治は私たちのものなんだという気分に変えないといけないですよね。

大野：政治をブランディング（価値観や認識を構築）し直す、政治参加の仕方を変えるという時に、何か考えていらっしゃることってありますか?

マエキタ：なぜこんなに供託金が高くなってしまったのか、反省し直すことが必要です。一度自分が苦労して選挙に当選すると次は他の人が出るのが恐くなる、確かにそれが人情でしょう。その繰り返しが、「喉元過ぎると供託金維持」議員を増やしたのだと思います。この誤ちをただすためにも、初心貫徹、受かっても供託金ゼロ。言い続けるのが大事ですね。供託金ゼロの民主主義まで、一歩一歩日本を進めていきたいと思います。

エネシフジャパン
青山学院大学教授

小島敏郎さん

前環境省地球環境審議官。2005年、次官級ポストである地球環境審議官に就任。気候変動枠組条約など、地球環境問題に関する国際諸問題を担当。2008年7月環境省退官。現在、青山学院大学国際政治経済学部教授、公益団法人地球環境戦略研究機関シニアフェロー。2009年4月より青山学院大学教授。名古屋市経営アドバイザー。愛知県政策顧問。

政治と行政に意見を反映させ、議論の場でタブーを破る

エネシフジャパン：「エネシフジャパン」は、2011年4月に発足した日本を自然エネルギーにシフトする国民と議員の協働イニシアチブ（構想・創意・先進性）。原発に頼らない、石油・石炭・天然ガスにも頼らない国づくりを目指して、原発のリスクからライフスタイルまでを議論。太陽光や風力発電などの再生可能エネルギーへの転換について、各界の第一人者を講師に招いて2012年3月までに17回の勉強会を開催してきた。呼びかけ人には、各政党の国会議員や市民が参加している。

■政治家と普通の人々との接点がエネシフ

郡山：まず、エネシフジャパンの狙《ねら》いについて、教えて頂けませんか。

小島：昨年の（2011年）3・11の東日本大地

震からしばらくして、脱原発のデモや運動が起きてきました。そんな中でエネシフを立ち上げたのは、人々の意見が政策に反映しないと成果が見えてこないからです。「政策に反映させる」と言うのは、政策を作る政治と政策を実行する行政に、意見を反映させるということです。人々の不安や思いを政策に反映できる仕組みを作りたいと考えました。

ＮＧＯの人たちや市民の人たちはあまり政治プロセスを知らないし、政治は遠いものでいくら声をあげても動かないと思っています。あるいは、やたらと政治に期待したり、政治を批判したりする。期待過剰と絶望とが相まっています。マスコミが作った政治像を自分なりに理解して、例えば、「政治は誰がやっても変わらない」、「投票に行っても変わらない」などとひとりで合点しています。これは間違っています。しかし、総理大臣が「さあ、変えよう！」と言えば全部変わるというのも間違っています。役人は、納得がいかないと、やっているふりはするが実際には進まないし、総理が辞めてしまえば政策も終わりになるということを知っていますからね。

だから、政治とはどういうものかを実際に人々が見ることができる場所が必要だと思いました。そこで、普通の人々と政治家との接点、お互いを理解する場所をつくることにし、政治家も普通の人々も参加する勉強会を、社民党の阿部知子さん、そしてマエキタミヤコさんと語らって、始めることにしました。

３・11があって間もなくだから、政治家も含めてみんな「これからどうなるんだろう」と不安でした。勉強会は原発反対の勉強会として始めたわけではありません。原発を推進していた人が直ちに原発に反対するということもないでしょう。とりあえずエネルギーシフトについて勉強しましょうということで、各政党の政治家に呼びかけました。

大野：エネシフを勉強会というやり方で始めましたが、あれって画期的な方法ですよね。

小島：実は、原発のことを勉強すること自体が画期的だったのです。私は、今まで原発に反対していたのは社民党と共産党と河野太郎さんだけと言ってきたのですが、国会議員で数%くらいしかいません。ほとんどは推進派か暗黙の推進派でした。政治の世界で原発について議論しようと言うのは異分子です。そういう人は無視をされるか排除されるかどっちかです。そもそも議論の場が無かったのです。これはどこの世界でもきっと同じです。原子力ムラなのか原子力帝国なのかわかりませんけれど、マスコミで記事を書いても新聞に載らないとか、大学でいつまでも教授になれないとか、タレントも番組から降ろされるとかね。どの世界でも無視されるか排除されるかで、ちゃんと議論するということがなかったのです。だから、勉強しましょうということ自体が当時は画期的だったのです。

政治の世界では、議員会館の中で原発の話をするなんてあり得ない話でした。役所の中もそうです。役所の中で原発について議論しようとすれば、私が現役の役人の時は自民党政権でしたが、そんな役人は干されて飛ばされて終わりです。だから役所の中からも声が上がらなかったのです。

今でも、経産省は原発にしがみついているように見えますが、それは原子力の是非を議論することと自体がタブーだからだと思います。だから、もし脱原発依存へと変わる要素が出てきても、元々の原発推進へと引き戻される力が大きいのです。

国民の大多数が「原発はもう止めたらどうか」と思っているにもかかわらず、政治家は、今は口に出して言わないだけで、本音のところは9割以上の政治家は今でも原発推進だと思います。これも不思議です。

■再生可能エネルギー促進法が成立

郡山：エネシフ勉強会の具体的な成果は何ですか。

小島：「エネシフ」勉強会に多くの人に来ていただいたのは、まだ情報が十分ではなく、情報を知りたいという人達が多かった時期だったからだと思います。勉強を重ねていくにつれて、次に、民間の人々と国会議員とが一緒に勉強会をしていることの意義、最初の目的である政策実現をしようということを考えました。エネルギーシフトに関しては、テーマが沢山あります。原発の危険性、原発のコスト、放射性廃棄物処理、更にプルトニウムをどうするという問題もあります。また原発がなくなったら電力は大丈夫かということもあります。需要の削減と再生可能エネルギー等で対応しようということが解決に向けた一つの方法です。

課題がいくつかある中で、政策課題としては国会にフィードインタリフ（固定価格買い取り制度：Feed-in Tariff, FIT）の法律が出ていました。政権交代で約束された数少ない民主党の法案です。法案は出ているのだけれども国対（国会対策委員会）では、優先順位が低い。国会運営では、国会会期がいつまでで、経産委員会にはたくさんの法律があって、優先順位はどうかということを考えます。優先順位を上げようと誰もしていない状態では、この法律はまず通りません。

エネシフ勉強会では、原発の危険性や原発がなくなった場合の代替の電源供給について勉強してきていましたから、この国会で「ＦＩＴ法案」を通そうと行動目標を決めました。

そこで、阿部知子さんは国会議員の署名を集め、マエキタミヤコさんは民間の方に呼びかけて「ＦＩＴ法案」を成立させようと行動を起こし始めました。菅総理も「ＦＩＴ法案」は成立させたいということでした。国対や議運（議員運営委員会）ではない、いわゆる平議員が署名を集めて法案の優先順位を繰り上げるということは前代未聞です。政党間の駆け引きで順番が変わることはあるのですが、幹部でない人たちが署名を集めて、その結果優先順位が変わるということは、これまでなかったことです。もちろん、それだけではなく、2011年6月15日の菅総理とソフトバンクの孫社長との集会で菅総理が再生可能エネルギー法案の成立を総理を辞める条件にしたということもあります。

環境NGOも頑張ったし、国会議員の署名も200名を超えて、それで菅総理が出てきて法律が成立していくことになったと思います。今までの国対政治からすると初めてのことなのですが、やればできるということです。

大野：国の政治と民間との間で動かれて、政策決定の流れを変えるということを実現された訳ですけれども、成算は持っていたのでしょうか。

小島：五分五分ですね。決め手はやっぱり菅総理が法律を成立させたいと言ったことです。民主党の執行部は、FIT法案を成立させようという気は全く無く、自民党もありませんでした。「一生懸命やったけどできない」となると「どうせやっても仕方ない」という気持ちがまた出てきてしまいます。したがって、やろうとしたことが成功するということは、政治は動かせるという自信につながると思います。

小さなことでも成功体験を積み重ねて行くことは、非常に重要なことだと思います。ましてや法律ですから。「FIT」はやっぱり官邸に、浜岡原発を止めた菅さんがいたから成立したと思います。総理が野田さんだったら出来ないと思いますね。100%でなくても、可能性があればトライしてみる価値はありますね。

■緑の政治勢力に現在の国会議員の参加を

大野：3・11を契機にして、日本でも緑の党を作る動きが活発化していますが、どうお考えですか。

小島：政治はやはり数です。ある程度の数を確保できる政党とか政治勢力を構想できるかがポイントです。国会で成果を上げて、大きく動かしていくには、衆議院で20人は欲しいですね。2~3人だけでは政治は動かせないと思います。20人は必要だというのは、20人いれば法律の提案権があるからです。それから全くの1年生だけでは政治はできない。議会には議会のルールがあるから、経験のある人たちも入らないといけないと思います。

定期的にある参議院選挙は準備できますが、それも候補者を立てるには大きな壁があります。新しい政治勢力が候補者を立てる場合、参議院比例区では候補者を10人立てなければなりません。10人立てるのは大変です。参院比例区では供託金が一人６００万円で10人で６０００万です。そのお金は生きた金ではなくて、墓石として置いておかなければならないお金だし、法定得票に届かなければ没収となります。

さらに、実際に選挙活動するにはその他にお金が必要になります。金をかけない選挙だとしてもある程度はかかります。このお金をどう集めるか。お金を出す人の気持ちを考えると、お金を寄付した候補者が当選するということを相手の人に思わせる必要があります。選挙は、お金を出す人にとって、この世の中を変えてくれという投資です。投資するということは、ある程度実現可能性がないと無駄金になってしまいます。無駄金だったら投資したくないということもあるでしょう。

また、選挙後の活動のことを考えると、現職議員も新しい政治勢力に参加してほしい。

「政権交代可能な二大政党制」と言っていたけど、今の民主党をみていると、結局、自民党も民主党も同じ政党だった。けれども、まだ国民との約束を守らなければ民主政治が壊れてしまうと思う政治家もいます。今は既成政党から飛び出す決断はできないが、選挙が近づいてきて緑の党や緑の政治勢力としてやりたいと言ってきたとしたら、それは大歓迎だと思いますし、そのような働きかけもしたらいいと思います。今政治家として活動している人が緑の党や緑の政治勢力に参加をすることは、新しい政党に、安定感をもたらします。1期でも国会議員をすれば、「国会はこういうところなのだ」というのはわかりますから。

5人そういう議員がいれば（政党要件を満たして）政党になるから、無理して600万かける10人で（6000千万円集め）なくても良くなります。なけなしのお金だから、お金は効率的に使わないといけません。

■参議院選挙では登録名簿政党、政党連合で得票を生かす選挙を

小島：参議院選挙では、死票を減らし、さらに得票を生かすために、選挙の時のための選挙政党、「登録名簿政党」を作ることもひとつのアイディアです。例えば、社民党も国民新党も新党日本も組織はそのままでもいいので、選挙に際して例えば「虹の連合」という名前の「登録名簿政党」を作るのです。衆議院比例区は候補者が獲得した得票の上位から当選する非拘束名簿方式だから、名簿順位がどうのって言うことも関係ありません。それで、死に票が減ります。5人いれば政党ですから、このブロックは各政党がそれぞれ候補者を出して、あとは「登録名簿選挙政党」の中で誰が一番取るかを競う。仮にABCと3つの政党が一緒になって選挙をすれば、死に票が減ります。死に票が少なくなるということは、投資効果が高いということです。バラバラのA党、B党、C党に

入れたって通りっこないと思われたら投資する気にもならないけれど、どれかのところに票を寄せられるとなれば、少なくても別々に戦うより可能性が高まります。今の政党はそのままでもよくて、なおかつ選挙では「虹の連合」として協力するという方法を考えたらいいと思います。

例えば社民党から誰々さん、国民新党から誰々さん、新党日本から誰々さん、でも選挙の時の政党名は「虹の連合」と書かないと駄目ですね。そこは社民党と書いたらいけない。所属政党は別にあっても選挙の時は便宜上その「政党連合」の候補者になるわけです。上手く組めば可能性は出てくると思うのです。イタリアでもドイツでも政党連合で選挙を戦いますね。それと同じです。

■水戸黄門ではなく、七人の侍

大野：イタリアの「オリーブの木」方式ですね。そのようなことを、市民の側からムーブメントにしていかないと、と言うことですね。

小島：そうです。けれども、活動している市民と政治家との間にギャップがあります。原発を止めたいと思っている政治家が立候補していても、その人が既成の政党に属している政治家だと、選挙の時に選挙カーに乗るNGOの人はいないでしょう。政治家も、一生懸命NPO活動をしている人は、文句は言うけれど、いざ選挙になると労力もお金も出さない人たちだと思っている。選挙の時には頼りにならない人たち。だから、政治家もまじめに付き合わない。市民の側と政治家との間には、お互いにギャップがあるのです。

政治家を動かそうと思えば、政治家が望んでいること、困っていることもやってあげないといけない。政治家も、文句だけ言って選挙の時には何もやらない人たちから批判されても、「政治を変えるために一番大切な選挙をパスして、それじゃあ、あなたたちは政治を変えるために一体何をしているのですか」と聞きたくもなりますよね。政治を変えるために、その担い手になる政治家を当選させる。そのために、汗もかくし、お金も集めますよというところを見せないといけませんね。ポスター張るのも、人手かお金がかかります。

大野：政治家も人間ですからね。「いくら動いても選挙では協力してくれない」と思っていたら、なかなか本気では動いてくれないですよね。

小島：選挙にお金をかけないで「手作りでみんなで政治を変えよう」ということもよいでしょう。しかし、そのわりには、汗もかかないし、お金も出さない。私は常々、自然保護や環境活動をしている人たちに「水戸黄門じゃ駄目ですよ。やっぱり七人の侍でいかなきゃ」と言っています。水戸黄門のストーリーは、お代官様が悪徳商人と組んで悪いことをして困っているので、更に上の権威である天下の副将軍水戸黄門様に頼むというものです。自分たちは陳情しているだけです。「お代官様にいじめられているから、黄門様にやっつけてもらおう」と。

ところが、「七人の侍」のストーリーは、村人が身銭を切って用心棒を雇うし、最後は用心棒と一緒に命がけで戦うというものです。金も出すし、汗も流して、自分たちを守ろうとするストーリーです。これが住民自治、自立した民主主義です。金も出し汗も流すということでなければ、自分たちの政治を作ることはできません。水戸黄門を待っているようでは、いつまでたっても民主主義にはなりません。

■衆議院選挙は政治を動かせるだけの国会議員を当選させる

郡山：やっぱり、選挙も手伝うお金も出す、政治家を育てる。もしくは政党を自分たちでつくる必要があるってことなのでしょうか。

小島：はい。話を衆議院に移しますが、衆議院でも20とか30の議席をとっていくっていう構想がほしいですね。最初から小さいと広がっていきません。菅さんの時も社会市民連合（社民連）ができましたが4人から広がりませんでした。野坂昭如さんも中村敦夫さんも一生懸命やったけど、広がらなかった歴史があります。

これから新しい政党や政治勢力が出ていく時に、「今度は違う」ということをどうやって示すかが課題ですね。選挙は、有権者の票をどれだけ取るかという、有権者市場での競争です。そして、政策やそれを担う政治家は、有権者市場に提供する商品です。市場は商品が魅力的であれば反応します。多くの人がそれを買えばブームになり、それが定着すれば必需品になる。今度の商品は今までのとは違う、皆様のニーズを満足させるし、期待を裏切りませんというところが必要です。

これまでの政党が自分たちの受け皿にはならないなら、自分たちで政党を作るしかない。これは当然の発想です。その場合、選挙と言う有権者市場での競争に勝たなければなりません。その際、世の中を動かしていくには、ある程度のマーケットシェアが必要です。

参議院では10人、衆議院では20人当選すれば法案が提出できます。予算をともなう法案の場合は参議院20人、衆議院50人です。自分たちの意見を国会で議論してもらえる基盤ができ、国会の外で意見を言っていた時と全く違った世界が開けます。30人くらいを超えてくるとキャスティングボードが握れる可能性が出てきます。次は民主党も自民党も過半数を取らない可能性があります。いずれにしても合従連衡《がっしょうれんこう》が始まります。その中で政策が実現できるようになるかも知れません。だから、今の政治状況の中で新しい「緑の政治勢力」は200人もいりません。政策を実現するには30人を超える政治勢力を作れば良い。公明党を見てればわかります。公明党の国会議員は衆参それぞれ20人くらいです。

衆議院で目標とするのはまず20人、次に50人です。地域政党連合でもそのくらいは取れるのではないかと考えます。議席で行くと、参議院は地方に配分が厚いけれど、衆議院は都市部に厚く配分されています。人口は都市部の方が多いですからね。大阪と愛知と首都圏でそれぞれ選挙を戦い、選挙後は地方政党連合を組めば、20人は取れるし、更に50人以上、政治状況次第では、それ以上の政治勢力になれるかもしれません。

■日本の保守主義は、西洋の社会民主主義

大野：実際に、衆議院で20人、50人の政党なり、緑の政治勢力は可能だと思われますか？

小島：政治改革で小選挙区制度が導入されてから、「政権交代可能な二大政党制」を作るということが言われてきました。しかし、民主党が選挙で勝ち政権交代したら、たちまち民主党は自民党化してしまった。民主党が自民党化するなら、自民党が民主党化するだろう、そうすれば、政策が入れ替わるが二大政党制は維持できると思っていましたが、自民党は国民政党から先祖がえりしてしまった。

日本の保守政党の政策は、社会連帯の政策だと思っています。西洋では社会民主主義政策と言いますが、国民皆保健とか皆年金とか、今、アメリカでオバマ政権がやろうとして批判を浴びている

政策は、戦後の自民党政権がやってきました。自民党は民主党が政権交代選挙の時に掲げた「国民の生活が第一」という政策を社会主義的だと批判していますが、日本の保守主義の政策を批判しているように思えます。緑の政策を唱えている人たちは左翼的だという声も聞きますが、私は、緑の政策は、自然とともに生きるとか自然に生かされているとか、人々のコミュニティを大切にするとか、そういう日本の保守の心の政策だと思っています。だから、政治のマーケットは、今、目の前に広がっていると思うのです。

■新しい政党が小選挙区で勝つ

郡山：小選挙区と言うのは、これまでだと二大政党の民主党か自民党の候補が有利だと思うのですが、小政党がどうやって20の議席を取れるのかがよくわからないのですが…。

小島：名古屋や大阪で起こっていることに目を向けてほしいと思います。名古屋の河村市長、大阪の橋下市長も、すべての既成政党を相手に戦い、勝ちました。今までは、オール与党で立てば地方の市長選挙や知事選挙は、だいたい勝ってきました。相乗りというのですね。ところが、非常に強いリーダーシップのもとで選挙をすれば、既成政党が束になってかかってきても勝てると言うことがわかった。

だから、河村の減税は「ポピュリズム」、橋下の政策は「ハシズム」と言って批判していますが、既成政党は怖いと思っているでしょう。

そこで、どんな人ならリーダーシップを示せるかが大切になりますが、都市部といっても地域によってそれぞれ違いがあります。愛知県と名古屋市も違うし、大阪は大阪の事情がある。しかし、地域政党は小選挙区でも候補者を当選させられるし、小選挙区で勝ち抜く力があります。それに加えてブロックでも当選させられるということですから、そうやって選挙を勝ち抜いてきた地域政党が連合すれば、政治を変えられると思います。

大野：ダイナミックな政治の変化が起こりつつある状況の中で、どういう人々がそのイニシアチブをとるのかが重要な要素になっていると思うんですが。一つは、大阪維新の会の橋下氏や東京都知事の石原氏などのようにタカ派的で新自由主義的な政策で突出して行くパターンと、それとは別に、もう少しリベラルと言うか市民社会的な意識を持っている人々が新しく出てくる必要があると思っています。特に環境とか脱原発、脱格差や貧困、それに反ＴＰＰという要素が重要なファクターになると。単なる政界再編では意味がない訳ですよね。そのあたりはどう思われますか。

小島：次の選挙のテーマは、消費税増税、原発、ＴＰＰという政権与党の政策が争点となると思います。また、「やるといったことをやらず、言っていないことをやろうとした民主党」という、政党としての信頼性の問題がその基本にあるでしょう。信頼を得られない政治家や政党が当選することは、ふつうなら不可能でしょう。分が悪ければ、与党は争点隠しで、組織票で何とか乗り切ろうとするでしょう。

また、もうひとつのテーマは、政治のあり方でしょう。消費税増税、原発推進、ＴＰＰ推進は、民主党・自民党・公明党の談合政治で進められています。「民自公の談合政治」と対決しなければ、脱原発など実現はおぼつかないでしょう。したがって、例えば、次の総選挙（衆議院選挙）では、国民投票的に脱原発のシングル・イッシュー（単一の論争点）で闘い、総選挙後は脱原発勢力で過半数を占めるということも考えなければなりません。そうしなければ原発はとまりません。その象徴的な選挙区は、野田総理の千葉4区（船橋市）と仙石氏の徳島1区（徳島市・名東郡）です。ここで勝ちましょう。国民の意見に耳を傾けない政治家は、たとえ総理でも落選する。現職総理を落選させることができれば、政治は大きく変わるでしょう。民主党や自民党の立候補者でも、緑の政治勢力と同じ主張をする候補者が出てくると思います。その場合、その候補者が信念に基づいて行動するかを見極める目が必要ですが、政治は数が重要ですから、政策を同じくするならそれらの候補者を応援することも選択肢となるでしょう。

　例えば緑の勢力が現職の国会議員5人以上を加え、国民からなるほどと言われる新しい候補者を立てる。政党になれば衆議院選挙で小選挙区と比例ブロックで重複立候補もできるし政見放送もできます。その上で「消費税増税・原発・TPP」で政策を同じくする政治勢力とゆるやかに幅広く連携する、ということです。

■地域政党の老舗であるネットワーク運動の力も重要

郡山：緑の政党チームは選挙での具体的な闘い方、戦略性をどうとらえて行くべきでしょうか？

小島：選挙戦も選挙後の政治も経験値が大切だと思います。例えば東京・生活者ネットのような全国にある「ネットワーク運動（※）」の女性たちもずい分と選挙も政治も経験しているはずですが、結局は運命を民主党に託して、消費税増税、原発推進、TPP推進の片棒《かたぼう》を担がされている。市民の生命力を民主党に吸い取られているように思います。自分たちで地域政党を作ってきた人たちが、もう一度自分たちの足で立って選挙を戦う。ネットワークの方たちを含めて、今まである程度政治をやっていた人たちが参加してこないと、政治を回していくことができないのではないでしょうか。

選挙や政治の仕事を勝手連で全部やれるかというと、それは無理だと思います。相手は組織された既成政党ですから、市民の側でもある程度組織された中核部隊が必要だと思います。例えば「各地のネット」の人たちや、企業や労働組合の中で協力してくれる人たちも必要だと思います。業界は自民党、労働組合は民主党というこれまでの概念にとらわれている必要もありません。

政治を変えるということは、政治の主流に躍《おど》り出ることですから、メジャー観も必要だと思います。メジャー観とは、その政党や政治勢力に1票を託して「これで変わるかも知れない」という思いを有権者に与えるということです。これは過半数を取るという意味ではありません。政策を実現する「突破力」という力強さや希望、候補者が与える信頼感です。

信頼感を与えるには、地方の首長も大切です。自民党や民主党から応援を受けずに当選した首長もいます。市長を取ることができれば、その市は拠点になります。国政の票も出てきます。参議院の比例区でも、票が全国からまんべんなく出てくる訳ではありません。例えば、神奈川と東京から票が出てくるというように拠点を作って選挙活動をしていきます。一種のマーケティングです。そのマーケティングが地域なのか、年齢層なのかということはあります。

その点では誰もまだ成功していないのが20代30代の年齢層です。20代、30代は投票率が低い。低いということは、開拓の余地があるということです。新規参入の企業なら、この年齢層に商品が売れれば会社を大きくすることができると考えるでしょう。でも、政治的には誰も成功していないのです。新しい政党や政治勢力はベンチャービジネスですから、20代、30代の人たちを引きつけることができれば、大きく化けることができるでしょう。

若年層の投票率が低いのは、「選挙に行ったって政治は変わりませんよ」というプロパガンダ（宣伝）が浸透しているからです。既成政党にしてみれば、予測できない20代、30代の人たちが選挙に行かないほうがいいので、「投票に行かないで寝ていてください」というのが本心です。「棄権することはいいことだ」と思って棄権してくれた方が、既成政党、特に政権政党にとっては好都合なのです。

先回の大阪の橋下市長の時は、多少若年層が動きました。20代、30代は死に票を嫌います。無駄なことはしないというスタンスですね。しかし、投票することによって世の中が変わる時は投票率がものすごく上がる。課題がある時にはぐっと上がって、ない時にはどんと下がる。振れ幅がすごく大きい。これが20代、30代の投票パターンの特徴です。小泉元総理の選挙や大阪の橋下市長の選挙の時は、世の中が変わるという感覚を与えたのでしょう。緑の党や政治勢力が、世の中を変えられるというリアリティを20代、30代の人たちに与えることができれば、彼らの投票行動を引き出せるのではないかと思います。それと今の学生は、新聞は読んでいない。テレビも見ていません。ネットで情報を得ている人が多い。20代、30代がターゲットだとすれば既存のメディアはあまり関係が無く、ネットやスマートフォンを通じた情報伝達の選挙モデルができれば、新しいターゲットを開拓できるでしょう。そこにフロンティアがあるということです。

※ネットワーク運動＝元々は生活クラブ生協が母体で生まれた女性による地域政党。全国にある。交代制、代理人型政治など、市民的発想で、参加、分権、自治、公開を原則として来た。

■次の衆議院選挙と参議院選挙

大野：今、政治団体をつくろうとされていらっしゃるのでしょうか。

小島：私は、自分で政治団体を作るという考えはありません。名古屋や愛知県は関わってはいますが、老婆心のようなものです。緑の政治や政治勢力は、誰が軸になるのかということは大切です。また、政策も内容もさることながら、打ち出すタイミングや打ち出し方も重要です。ネーミングや打ち出した時の販売店、販売網をどうやってつくって、広げていくのかということです。

郡山：実際に政策を変えるためには、参議院でなくて衆議院で議席をとっていく必要もあるのでしょうか。

小島：選挙は衆議院の方が早くあるのではないかと思いますが、わかりませんね。2013年夏まで延ばして衆議院と参議院の同日選挙になるかもしれません。同日選挙は与党が有利と言われていますが、今の民主党をみているとそうとも言えません。民主党と自民党だけを見ていると、来年まで延ばせば民主党は議員数が多いので政党交付金がたまっていき、選挙資金が豊富になる。反対に自民党は借金が多いので財政的にますます苦しくなるということは言えるでしょう。しかし、対立しているようでも、政策は同じです。

同日選挙だと今後3年間は国政選挙が無くなるので、大連立政権を作って、国民の意向を気にすることなく消費税増税などの「国民に痛みのある政策」や原発推進など「国民が望まない政策」を実行できるチャンスと考えるかもしれません。そのようなことを考えると、同日選挙では、民主党と自民党を一つの消費税増税・原発・TPP推進政党と考えて、国民は選挙に臨まなければならないと思います。要注意です。もはや「談合政治」に走る「二大政党制」の時代ではありません。国民の多様なニーズを反映する本格的な「多党制」に移行すべきです。

衆議院選挙が参議院選挙より先にあったら、緑の政治勢力は衆議院選挙に取り組まないのかというと、どうでしょうね。地域政党は、市会議員や県会議員がいますから、他の政党が国政選挙をやっている間寝ているわけにもいかないでしょう。だから、国政選挙には候補者を立てて戦うと思います。

大野：衆議院の場合に、具体的に動く可能性のある議員も何名か視野に入っているのでしょうか。

小島：具体的な議員名はわかりませんね。それは、その議員が依拠している基盤によりますね。例えば市民ネットワーク・グループが「もう民主党とは一緒にやらない。新しいグループでやる」と言えば、そこの人たちは、新しいグループで選挙をすることになるかもしれません。ポスター張ってくれる人がいなければ選挙にならないから、仲間は大切です。ネットは自民党と対抗するために民主党と組んだと思いますが、民主党が自民党とほとんど同じになってしまったのに、それでいいのかという反省もあるでしょう。政権交代はもう昔のことです。今の政治は与党となった民主党の責任です。

郡山：民主党の中も二つに分かれていて、今の政府にいる人たちはある意味、自民党よりも政策が右に見えます。でも党内にはリベラル派など、中道左派的な政策の人たちもまだある程度いると思います。彼らがもう一度民主党の中でリーダーシップを取る可能性はあるのでしょうか。

小島：民主党内がどうなるかはわからないですね。しかし、選挙が近づいて、割れる時はきれいに二つに割れることはなく、もっとたくさんに割れるでしょう。でも、「丸ごと民主党」で選挙を戦ったら、壊滅的な敗北になると思います。だから、選挙が近くなったら、いくつかのグループに割れる可能性はあると思います。

■源平合戦、応仁の乱、戦国時代

郡山：そしたら一気に戦国時代になるのでしょうか。

小島：その可能性はあると思いますね。政治は、政権交代可能な二大政党制という幻影を追って「源平合戦」をやっていました。そして、それぞれの主張が入れ替わる「応仁の乱」になり、それから群雄割拠《ぐんゆうかっきょ》の「戦国時代」になると思っていました。

　これまでは、自民党と民主党の源平合戦でした。立候補者は案山子《かかし》のようなもので、有権者も候補者の吟味をしていない。源氏の白旗か平家の赤旗か、旗の色をみて投票していました。だから、1週間前に名簿に名前を載せたら当選して国会議員になってしまったという人も出てきます。候補者が国会議員としての適格性を備えているかということは誰も見ていません。当選した国会議員は、党議拘束があるから法案への賛否のボタンを押す案山子の一つになってしまいます。個々の議員にとっては、法案への賛否を自分で考えても仕方がなく、難しい問題なら党の責任にすることができます。だから、たくさん当選して、次の選挙でたくさん落選していくということが起きます。

　しかし、予測と違ったのは、民主党は政権を取ってから自民党が掲げていた政策に転換するのですが、自民党の政策が変わらないことですね。自民党が日本の土着的な保守主義的な政策に変わっていくのかと思っていましたが、新自由主義的政策の旗をなかなか降ろ

しきれなくて、変わりません。土着の保守主義は「国民の生活が第一」ですから、それに戻れば、本当に自民党と民主党の政策が入れ替わります。「応仁の乱」では、細川氏と大内氏が担いでいた将軍が途中で入れ替わるので、そういうことになるのかと思っていました。しかし、民主党も自民党も両方とも新自由主義的な政策を掲げているので、選択肢の無い二大政党制になっています。これでは、政権交代の意味はありませんね。

二大政党が国民の信頼を失っていく過程で、政治をどう作っていくかという一つの方法が、地域政党です。東京で政治的な騒乱があっても地域がしっかりしていれば、政治はやっていけます。総理は1年ですが、知事や市長は4年です。国より安定した政治を行うことができます。しかし、それには知事や市長が国から独立して仕事ができるような環境が必要です。それが、国からの独立を求める団体自治の確立ですし、地方政治の談合体質を打破する住民自治の確立です。だから、次に来る政治の時代は、「地域政党割拠の戦国時代」だと考えたのです。名古屋の減税日本も、そのような政局観でできたものと理解しています。

でも政治の立て直しは、官僚組織の変革も必要です。もはや、官僚組織を昔のようにすればよくなるというものではありません。むしろ群雄割拠《ぐんゆうかっきょ》の戦国時代にふさわしく、地方ができることは地方に任せる、地方自治体が相互に競争できるようにするように改革することです。また、地方の官僚が「本省意識」をもって国の官庁の縦割りで行政をしていることを改革しなければなりません。

広い心で柔軟な政策連携を

郡山：現在の政治マップには社民主義的な政策空間も大きく空いているのではないでしょうか？

小島：日本の保守主義的政策をヨーロッパに行けば社会民主主義というだけのことで、私は日本の保守主義は西欧の社会民主主義に近いと思っています。日本の自民党は、社会党が主張する社会民主主義的な政策を採用し、実行することによって、長期単独政権を担ってきていました。けれど、違和感は全くなかったと思います。コミュニティが壊れてはいけないとか、談合で世の中上手く行っていたじゃないかとかいうところですね。

ところが、長期政権が続いて、余りに政官財の癒着がひどくなってきたものだから、「談合なんかやっちゃいけない」ということになり、今度はみんな入札をすることが良いことだということになった。入札ばかりやっていれば、大企業しか生き残れない。小さいけど技術やノウハウを持っている企業も、大企業の下請けに入らないと仕事をもらえない。大企業は結局ピンはねをするから、中小企業が泣くはめになる。どうして中小企業いじめみたいなことがまかり通っているのかわかりません。厳しくするべきは、政官財の癒着をなくすということだと思いますが、こちらの方は全くお目こぼし状態のままです。

結局、民主党も自民党も、外交政策はアメリカに依存し、経済政策は経団連に依存し、政策づくりは官僚に依存して政権を維持する道を選択してしまった。そこに国民はいません。

緑の党は左翼ではありません。日本では保守だと思います。放射能汚染から日本の美しい国土と人々を守る。それこそ日本の保守主義でしょう。だから、しゃくし定規に指を指して他人を批判するのではなく、やさしく広い心で日本を作っていただきたいですね。

第3章
脱原発
「緑の政党」への期待

『緑の政治ガイドブック』の訳者に聞く
～日本の緑と世界の緑、その展望と課題～

「緑の政治フォーラムかながわ」
世話人
白井和宏さん

インタビュー

市民社会の監視がないから「原子力ムラ」が生まれた！

ドイツから35年は遅れている日本の市民社会、市民がつくる緑の政党が脱原発への第一歩。

白井和宏

中央大学法学部卒業。ブラッドフォード大学大学院ヨーロッパ政治研究修士課程修了。神奈川ネットワーク運動・初代事務局長。「緑の政治フォーラム・かながわ」世話人。訳書に『緑の政治ガイドブック』『それでも遺伝子組み換え食品を食べますか？』他、著書に『家族に伝える牛肉問題』がある。 http://twitter.com/shiraiGP

http://www.facebook.com/shiraiGP

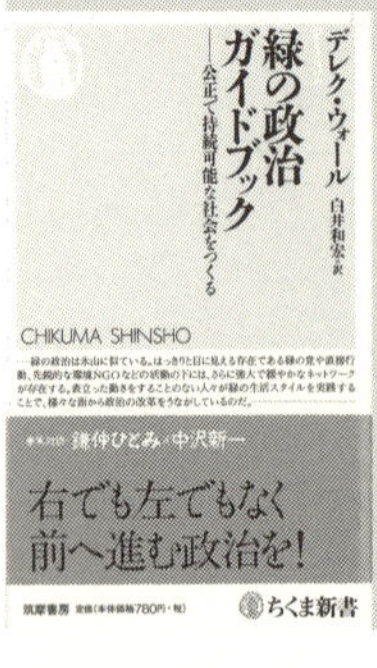

2012年２月発行（ちくま新書）

『緑の政治ガイドブック』

大野：そもそも白井さんと緑の党との接点はいつ頃から始まったのですか？

白井：生活クラブ生協では1977年頃から、地方議員を誕生させせようという「代理人運動」が始まりました。私が入職した生活クラブ神奈川でも1983年に川崎市（宮前区）で初の市会議員を当選させ、生活クラブから独立した「ローカール・パーティ（地域政党）」を作ることになりました。1983年には準備会が形成され、翌1984年に「神奈川ネットワーク運動」が発足しました。初代の事務局長となったのが私で、生活クラブの組合員・職員だけでなく、大学教授、労働組合・元新左翼・地域の運動家、学生・若者など様々な人々で運営委員会を形成しました。

規約や名称、理念のヒントになったのが「ドイツ緑の党」です。「ドイツ緑の党」がいきなり28人もの国会議員を誕生させ、世界的なニュースになったのがちょうど1983年でしたから。私たちが「党」を名乗らず「神奈川ネットワーク運動」という名称にしたのも「ドイツ緑の党」の正式名称が「緑の人々（The Greens）」であり、「反政党の党」や「底辺民主主義」を理念に掲げていたことに影響されています。同様に、議員を交代制にすることも「ドイツ緑の党」がヒントでした。

その後、生活クラブ神奈川の留学制度で、1988年からイギリスの大学院に行かせてもらいました。イギリスを選んだのは、消費生活協同組合の発祥の地だ

からです。「ロッチデール先駆者協同組合」がランカシャーに最初の店舗を開いたのが１８４４年のことでした。大学でお世話になった研究者が元イギリス緑の党の議長だったこともあって、欧州各地の緑の党を訪問しました。帰国後も仕事の関係で欧米各国に行き、様々な機会に緑の党の人々と会う機会にめぐまれました。

大野：欧州の「緑の党」をご覧になって、一番印象に残っていることは？

白井：「市民に対して開かれた党」だということですね。２００６年にフィンランドへ行った時にも偶然、首都ヘルシンキで「欧州緑の党大会」を開催していました。街中にポスターが貼られていたので、参加してみました。あくまで私の経験の範囲ですが、緑の党の集会に参加する度、不思議に感じるのは、メンバーでもない私が、いきなり会議に参加できるし、討議資料もすべてもらえて、発言もできることです。もちろん議決権はありませんが。全ての緑の党がそうだというわけではありませんが、「公開」の原則を党内だけでなく一般市民に対しても実現しようとしていることに驚かされます。

「欧州緑の党大会」には東欧やトルコなど30数カ国の緑の党が参加していました。今では世界中に緑の党が広がっているのに、日本にはほとんど伝わっていないことは本当に残念です。

ちなみにベルギーの首都ブリュッセルにあるEU議会は736議席もあり、傍聴席から見ても壮観な眺《なが》めで、まるで劇場のようです。緑の党は真ん中のやや左側に陣取っており、11ヶ国の緑の党とその他の小政党が「欧州緑の党グループ」という会派を組んで55議席を占めており、第4の勢力として存在感を示しています。

緑の党というと「ドイツ緑の党」のイメージが強いですが、実は世界中に広がっています。アメリカ、アフリカ、中東、アジア。南米で緑の党と名乗っているのは、ブラジルぐらいのようですが、反米の左翼政権が増え、アマゾンの森林を守る先住民の運動も活発になっています。まさに緑の党的なものが世界に広がりつつあります。

■誰が緑の党を作ったのか

大野：緑の党を作ったのは一般的に、「68年世代」、日本でいうと「70年安保の学生運動の活動家世代」の人たちだと言われますが、そうなんでしょうか？

白井：ドイツ、フランスでは確かにそう言えると思いますが、必ずしもそれが「典型」ではないと思います。そもそも最初に結成された「緑の党の起源」は、1972年の3月にオーストラリアのタスマニア州で結成された「統一タスマニア党」と言われますが、彼らの目的は原生林が残る湖を守ることでした。さらに同年の５月にはニュージーランドで「バリュー（Value）党」が結成されますが、彼らが目ざしたのは「生活の質と価値観を変える」ことでした。彼らは、反体制的な学生運動家ではなくて、むしろ自然環境を守りたい、生活の質を変えたいという人たちが中心でした。両国に特徴的なのは、若い人たちが中心になっているんですよね。「統一タスマニア党」のリーダーは大学教授でしたが、参加者の多くは若者で、ニュージーランドで「バリュー党」を立ち上げたのも24歳の若者だったようです。どちらも結成されたのは小さな大学の街であり、若い人たちが共同生活をしていました。彼らは色んなイベントをやりながら、「楽しみとしての政治」を展開したようです。例えばワインとチーズの夕べだとか、トレッキング、スライドショー、フォークソング・コンサートといったイベントを開いて、会員は少ないのだけれども、若い人たちのつながりや一種の共同体の中でカンパ集めをして政治活動を広げていったんですね。この「楽しく参加する政治」が、きっと今でも彼らの理念の中に引き継がれているような気がします。

大野：郡山さんや私が行った、２００１年の「緑の党世界大会（グローバル・グリーンズ会議）」でも、そう言う雰囲気がありました。世界から集まった７００人の内の４００人はヤング・グリーンズといって、10代から20代後半くらいの若者たちでした。髪を緑色に染めたり、ドレッドヘア（レゲエ風網み込みの頭髪）

とかですね（笑）。彼らは大会とは別に独自に集会や交流会、ツアーやダンスパーティーなんかもやっていましたね。大会の開催に合わせて大がかりなフォークソング・フェスティバルも開催されていて、遊びに行ったのも覚えています。政治集会なんですが、最初から音楽あり、アートありでとにかく楽しかった。日本からも「虹と緑の500人リスト」（「みどりの未来」の前身のひとつ）や神奈川ネットワーク運動など、約60人が参加しました。

白井：そうですよね。ニュージーランドとオーストラリアの緑の党も独特な面がありますが、学生運動家が中心になっていったドイツ、フランスも一つの独自性です。環境保護や社会運動を基盤にしつつ、実は国によって多様な成り立ちをしているのが「緑の政党」と言えると思います。中南米やアジアでも違っています。

欧州では1973年にイギリスで「ピープル」という党が最初にできました。雑誌「エコロジスト」（The Ecologist）の編集部が、『生存のための青写真』（A Blueprint for Survival）というレポートを発行し、その前年にはローマ・クラブによる『成長の限界』が出版されています。「人類の生き残りのために環境問題を解決するための党が必要だ」と危機感を抱いた人たちがイギリスで立ち上げたこの党が後に「エコロジー党」、さらに「緑の党」へと発展していきました。

反原発とか平和運動、学生運動の流れから「緑の党」に参加して行ったのは後からのようですね。草創期の緑の党の起源は、地域的な環境保護運動だったり、

生活の質を変える運動から出発しており、必ずしも反権力や反体制といった要素は少なかったようです。

郡山：「ドイツ緑の党」があまりにも有名になったために、それが緑の党の典型と考えられるようになったのですね。「クオリティ・オブ・ライフ（生活の質）」というところから始まっているのは、親近感を持ちやすいですよね。特殊な人たちが始めたんじゃないと。

白井：少なくとも初期の頃はそうだと言えます。ただし八〇年代に緑の党が勢力を拡大し、国会議員を多数、誕生させていった段階では、学生運動や労働運動、環境ＮＧＯなどで組織経験を積んだ人々が参加していったことが影響しています。

郡山：女性のリーダーが多いことも緑の党の特徴ですよね？

白井：緑の党のリーダーは女性が前面に出ていますよね。リーダーの男女比率を同数にする「クオータ制」を原則にしていることもありますが、ドイツ緑の党の顔と言えばペトラ・ケリーだったし、昨年イギリスで初めて誕生した緑の国会議員キャロライン・ルーカス、「カナダ緑の党」の党首エリザベス・メイ、フランスの大統領選に立候補したエヴァ・ジョリーもみな女性です。２０１０年ブラジ

ルの大統領選挙で19％を獲得したアマゾン熱帯雨林保護活動家のマリナ・シルバ前環境相、ケニア緑の党代表でノーベル平和賞を受賞した「モッタイナイ」の故ワンガリ・マータイさん（２０１１年没）も女性です。

過去にさかのぼれば、イギリスでは１９８１年に「グリーナムコモン」という米軍基地の周辺で、核ミサイルの配備に反対する女性たちのキャンプ運動がありましたし、１９８６年のチェルノブイリの原発事故の時も、子どもたちへの放射能の影響を恐れた女性たちが最初に立ち上がり、それに引きずられて男たちが動き始めたと言われます。男性が中心になって作ってきた暴力的な世界に対して、女性たちが反核や平和運動に立ち上がり、それが、緑の党の運動に大きな影響を与えてきた面は大きいと思います。

■脱原発と緑の党

大野：今回の福島の場合も圧倒的に動いているのはお母さんたちですね。しかも彼女たちが動いているのは、自分たちのためより子どもたちのため。福島第一原発事故の後、ドイツでは、「２０２２年までに17基ある全ての原発を閉鎖する」ことを決定しましたが、その背景は何だったのでしょう？

白井：日本では、「与党・キリスト教民主同盟のメルケル首相が決断した」と強

調されて報道されましたが、ドイツには長きにわたる反原発運動の歴史があります。そもそも「ドイツ緑の党」が１９９８年から２００５年にかけて社会民主党との連立政権に参加した時点で、すでにドイツ政府は２００２年に「脱原発」政策を決めました。

福島原発の事故直後、ドイツ緑の党の連邦議員で原子力政策担当のジルビア・コッティング・ウールさんが来日した時に説明してくれましたが、緑の党が呼びかけて原発周辺の地域における放射能の線量と乳幼児や子どもの小児ガンの発生率を調べました。賛成派と反対派の科学者が双方参加したプロジェクト・チームを形成して、客観的なデータを集めたことで、たとえ原発は事故を起こさなくても地域を放射能で汚染しているという事実を示し、社会の共通認識にしていきました。

むろん緑の党の力だけで「脱原発」が決まったわけではありません。ドイツでは原発施設に抗議するため様々な非暴力・直接行動が展開されてきました。グリーンピースなどの環境ＮＧＯや市民の力で「脱原発」を実現したのです。

その後、政権交代して、２０１０年に原発推進派のメルケル首相が「原発稼働の延長」を決めてしまいました。ところが２０１１年３月の福島第一原発事故後、「ドイツ緑の党」の支持率が急上昇して、地方選挙でも大躍進しました。次の選挙では、緑の党の党首が首相になる可能性があるという世論調査の結果さえ出たのです。原発推進だったメルケル首相もあわてて原発廃止に舵《かじ》を切らざるを得な

くなった訳です。

反原発運動がなければ、ドイツ緑の党はここまで発展しませんでした。しかし市民運動だけでは「脱原発」政策は実現できなかったはずです。市民運動と緑の党の両輪によって「脱原発」政策が実現できたと言えます。

郡山：ドイツで緑の党が躍進したのに対して、英語圏のイギリス、カナダ、アメリカでは緑の党は比較的苦戦してきました。その理由は何でしょうか？

白井：やはり選挙制度の壁が大きいでしょう。欧州の選挙は比例代表制なので、原則として、票数に応じた議席数を獲得できます。ところがイギリス、カナダ、アメリカは徹底した小選挙区制のため、選挙区で過半数に近い票を得なければ当選できません。

それでも2010年にはイギリス、2011年にはカナダでも初の国会議員が誕生しました。小選挙区制であっても緑の党が当選できることを証明したわけです。ニュージーランドも90年代に選挙制度が変わって、比例代表併用制になったことで国会議員が14人になりました。

郡山：イギリスでは国政でようやく1議席ですけれども、地方議員は100人くらいいますよね。アメリカの地方議員はどうですか？

白井：いますが数十人レベルで、多くは無所属を名乗っているようです。アメリカは民主主義国のリーダーのように言われますが、民主党・共和党の2大政党以外の政党が登場できるような制度ではありません。政党をつくる場合は複雑な条件があって、市民が全国的な政党を立ち上げることは困難です。国会議員に立候補するのさえ、容易ではありません。

実はアメリカでも、ドイツ緑の党の影響を受けて1983年に組織作りを始めました。しかしいきなり政党を立ち上げるのは無理と考えて、「連絡委員会」という組織を形成しました。けれど情報交換だけしていてもらちがあかない。結局、それに飽き足らない人々が集まって、著名な消費者運動家だったラルフ・ネーダーをかついで大統領選挙に挑みました。これが1996年です。彼は4回、大統領選挙にチャレンジし、1回目と2回目は緑の党推薦。3回目からは無所属でした。2000年の選挙で約270万票を獲得しましたが、日本はもちろんアメリカでもマスコミはほとんど報道しません。アメリカの選挙制度は民主主義から最も遠いとも言えます。

■市民社会との連携と緑の党の組織

大野：日本もまた市民や小政党にとって極めて不利な選挙制度ですよね。日本で

は選挙に立候補するために「供託金」を納めねばなりませんが、国会議員の場合、選挙区で300万円、比例代表区で600万円が必要です。立候補の届出をするためにこんな金額が必要なのは日本だけです。一つの団体だけで国会議員を当選させることは容易ではありません。幅広い市民団体との連携が必要だと思います。

白井：欧州各国でも、緑の党ができる前には、様々な市民団体が連携して「オルタナティブ・リスト」と呼ばれた候補者のリストを作って選挙に挑戦しました。その後、緑の党へとまとまっていったわけです。ましてや日本では、今回の原発事故があったとはいえ、緑の党の存在すらほとんど知られていませんし、幅の広い連携を作って行かないと当選することは簡単ではないでしょう。これまでのようにバラバラに立候補したら、せっかくのチャンスを逃してしまうと思います。

そもそも緑の党だけで世の中が変わると言うこともあり得ない話です。仮に国会議員がやがて10人になり、地方議会議員も500人になっても、日本の政治制度の中では、圧倒的に少数派です。

もちろん先ずは1人でも国会議員を当選させなければ始まりませんが、それと同時に、市民運動を広げることが必要だと思います。私が翻訳した『緑の政治ガイドブック』の著者は、「緑の政治は氷山に似ている」という言い方をしています。表面に見えている緑の党の水面下には、目には見えないけれども巨大な市民の運動や、生活の質を変える運動があり、そうした全ての活動を含めて「緑の政

治」だという考えです。

現在、翻訳しているもう一冊の本『欧米14ヶ国の緑の党（仮題）』では、緑の党のことを「ケンタウロス」（ギリシア神話に登場する半人半馬の生物）と表現しています。緑の党は議会政治に対して「プロ（専門家）」として対応できる能力を持ちつつあるが、その基盤はあくまで「アマチュア運動家」の活動にあるという認識です。どの国の緑の党も「プロ化が必要だ」と考える人々と「アマチュアのままでいい」と考える人々、別の言い方をすれば「現実派」と「原理派」の間で激しい対立が起きました。でも両方の要素を維持してきたからこそ、今日の緑の党の躍進があるのだと思います。

私が関わっていた「代理人運動」では、「アマチュア」であることを強調しています。議員を交代制にすることは、ドイツ緑の党からヒントを得て、「2期8年（もしくは3期12年）」で交代することを原則にし、今もこのルールを貫いています。ところがドイツ緑の党は、わずか数年で議員の交代制を廃止してしまいました。他国の緑の党も議員を交代制にすることは無理があると判断しています。議会内で巨大な既成政党に対抗していくためには、緑の党の側も議員を継続させることが必要だったからです。

問題は議員に権力が集中しすぎると、議員中心の中央集権的な政党になってしまうことにあります。そこで多くの緑の党は、議員が党の代表や執行委員を兼務することを禁止したり、人数枠を制限しています。代表の任期を制限し、総会も

代議員ではなく、メンバーが直接参加して方針を決めることで、組織を中央集権化させず、アマチュアがリーダー・シップを発揮できる工夫をしてきました。その一方で、議員は継続することで専門的な能力を高めてきました。もっとも議員に落選はつきものですし、緑の党のような小政党の場合、当選を続けることは困難ですが。さらに国会議員が増えることで政党助成金も増え、専門家や専従の事務局員を増やしてきました。

　こうして「上半身」は政治の専門家だけれど、「下半身」は市民運動だという意味で、「ケンタウロス」に似ているというのが、欧州の緑の党に対する一つの評価なんです。

大野：ドイツ緑の党は誕生してから約30年が経過しています。既成政党に似てきたという批判もありますね。

白井：しかし、別の見方をすれば、政治と運動とが協力しながら役割分担できるようになったと見ることもできます。いまも議員の権力をある程度制限し、できるだけ中央集権化しないというのは、多くの国の緑の党に共通している方針です。代表を男女同数の複数性にするというのも基本ですね。党の代表についても「党首」とは呼ばず、「議長」や「スポークス・パーソン（広報官）」と呼ぶ国が多いようです。ただしどの国でも「ピラミッド型の組織を否定するグループ」と、

「現実的な決定をするためには合理的な組織と規約が必要と考えるグループ」の間で論争が続いてきました。

イギリスの緑の党も、こうした議論を長年、続けて来ました。私がイギリスの大学でお世話になっていたポール・エキンズ氏（現ロンドン大学教授、『生命系の経済学』編集者）は、1980年代中頃にイギリス緑の党の議長を務め、合理的な組織に改革しようとして努力したものの、むしろ批判されて党を離れました。

ところが2000年代中頃になると選挙に勝つためには既成政党のように一人の「党首」を置くべきと考える「現実派」の人々が増えてきました。イギリスの政治は党首の人気度で選挙が決まってしまう傾向が強いからです。『緑の政治ガイドブック』の著者デレク・ウォール氏は、男女1名ずつの「共同議長」の一人で、「党首」制度に強く反対していましたが、「党首」を必要と考える「現実派」が勝ち、事実、その数年後にイギリスでも初の国会議員が誕生しました。

それでも緑の党が既成政党と同じになったとは言えません。たとえば今も多くの国の緑の党は、代表をメンバーの直接選挙によって決めていますし、総会も代議員制ではなく、メンバーの直接参加で運営しています。

ところが日本で私たちが知っている政党と言えば、政治家だけでものごとが決まる議員政党だけしか存在してないですよね。だから、緑の党が目ざしてきた草の根民主主義とか、底辺民主主義的といった思想をどのように具体化するかということに、知恵を絞《しぼ》らなければならないと思います。

多くの環境ＮＧＯや市民運動団体が緑の党の運営に参加でき、意見が言える仕組みがなければ、みんなすぐに離れていってしまいます。かといって誰でも自由に発言しているだけでは方針を決められません。議員中心の政党しか知らない私たち日本人が、どのようにして参加型の組織を実現していくのか。真剣に考えるべき課題だと思います。

大野：私たちが、多様な団体が連帯して一つになって選挙に関わる「緑のイカダ方式」にこだわっているのも、実はその点なんです。市民政党といえども、政治活動をする限り選挙で結果を出して、議会内外で実力を示さない限り、勢力として生き残って行くことはできません。具体的には、①資金や参加できる人を集める、②候補者を擁立《ようりつ》して広く政策をアピールする、③実際に政治活動や選挙活動を展開すると言うことです。市民運動やＮＧＯの中から、これら①〜③を支える動きがどれだけ生まれてくるかが、日本で緑の政党を生み出し、しかも市民の参加型にできるかどうかの分岐点だと思います。

白井：分権型の組織にして、緑のローカル・パーティー連合を作り、地域は地域で独自の判断ができる。自分たちの運動は独自に判断をして行動できる。そういう組織を作っていくことじゃないでしょうか。結局は、ネットワーク型の組織を作っていくしかないと思います。そうすれば、そこに参加した人たちは自分自身

の存在感を周りに対しても示せるし、自分自身も納得できる。ところが中央で決めて方針を下に降ろす組織構造になった瞬間から、どんどん人は離れていく。そう言うことだと思います。

「有名人でなければ国会議員の当選は無理だ」というのも現実ですが、それだけを優先させてしまったら、もはや緑の党ではなくなってしまいます。

郡山：これは大事なテーマですよね。日本での緑の党の組織をどうつくるかという視点が必要ですよね。環境NGOなどとの連携ついていえば、2001年のオーストラリアの「グローバルグリーンズ大会」に行った時でも、皆さん苦労しているって言っていました。どうしても議会の話が中心になってしまって、運動団体とのコミュニケーションが疎《おろそ》かになって、離れていってしまったなんて話もありました。例えば、京都議定書を1997年に採択した日本政府が「COP17（国連気候変動条約）」から離脱してしまいました。それに対して対策を出す際にも、専門的な知見を持っている団体や環境NGOの協力が必要です。そういう意味でも「政策テーブル」のような、様々なNGOと政策をつくるための仕組みを作っておくことが大事ですよね。

意志決定に時間がかかって大変かもしれないけど、それが民主主義ってことでもあります。トップダウンは決定するのは早い。企業でもトップが判断すれば、その分決定も早い訳じゃないですか。実際に「参加型民主主義」を実践すること

は大変だけど「緑」の特徴ですよね。

白井：発想を変えて、党の方針は4年間限定の「暫定《ざんてい》方針」ですと宣言する道もあると思います。政党というのは固定した綱領や基本理念があるといった固定概念があるけれども、もともと緑の党が目指したのは「反政党の党」という思想でした。それは、既成政党のピラミッドを壊すことを含めて、企業や行政も含めた社会全体を分権化していくという思想でした。ところが一度、決めたら変えられないという前提に立ってしまうと、どうしてもピラミッド型になってしまう。だから方針を決めたら「有効期限」を決めておき、その期限が過ぎたら様々な市民や運動団体と一緒に修正するという組織文化を作るべきだと思うのです。そうでないと方針を大ぜいで議論することに固執しすぎて、多くのエネルギーを割かれ、結局、参加できる人が少なくなってしまう危険性もあります。このバランスが非常に難しいところです。

大野：自然環境に対するエコシステムと同じですね。季節や気候など色々な変化に対応して行く懐《ふところ》の深さみたいなもの。従来の組織論から考えるといい加減に見えるかも知れないけど、実は変化できる柔軟な組織の方が完成度の高いシステムだと思います。

■日本における緑の政党の将来性

白井：それとやはり肝心なことは、何のテーマを中心の政策として掲げるのかということですね。そもそも、緑の党は環境だけの政党ではありません。もちろん、最初はできるだけ政策をしぼり込まないと、連合が形成できず、候補者を当選させることは困難ですが。

20世紀末には、社会主義・共産主義政党が衰退し、既成政党は与野党いずれも新自由主義に向かいました。欧米でも、日本の民主党・自民党も同様の傾向にあります。格差や貧困が増加しているから、「社会的公正」を求める人たちが緑の党に期待を寄せています。ですから当然、政策は環境だけではない。新自由主義政策が生んだ歪《ゆが》みをどうするのかが緑の党に求められているし、実際、それに対応しようと努力してきたからこそ、緑の党はここまで大きくなったと思うのです。

大野：それにしても日本と欧州の市民社会の違いは大きいですよね。日本における緑の党の将来性をどのように考えたら良いでしょう？

白井：大きな流れとしては、１９７３年に、オイルショックがあって、欧米先進国は景気が後退しました。80年代以降、アメリカのレーガン大統領、イギリスのサッチャー首相を先頭に、新自由主義の時代に入っていきました。日本でも中曽

根首相が新自由主義を唱えましたが、現実には日本の経済は好調で、オイルショックをむしろバネにして輸出を拡大し、長期に渡ってバブルを謳歌《おうか》しました。バブルがはじけた後も、まだまだ余韻《よいん》は残っていて、日本が本格的な新自由主義に突入したのは２００１年の小泉政権の時代からだと言えます。

ですから長い間日本では、市民が政治活動に参加する必要性も、地域コミュニティーを自分たちで作る必要性も感じられなかった。日本の「企業社会」が私たちの生活をこれからも守ってくれると信じてきたからです。そんな淡い期待を崩壊させたのが２００８年のリーマンショックであり、幻想が完全に吹っ飛んでしまったのが３・11からでしょう。経済大国２位の座を中国にゆずり、ここから先の日本は下り坂だと一般に認識されたのが今だとすると、欧米と比べて市民の認識には35年の差があります。

ところが大企業と既成政党の側はこれからも人々に経済成長の夢から覚めてもらいたくはない。だからこそ原発政策も変えようとしないし、ＴＰＰ（環太平洋経済連携協定）に参加して自由貿易をさらに拡大すればもう一度、豊かな時代に戻れると信じていて欲しいのでしょう。

でもそのようなモデルはもはや成立不可能です。中国を初めとする新興工業国が成長する中、日本が輸出を拡大することは困難です、国内の人口も減少し、超高齢化しています。だからこそ、いよいよこれから、脱原発はもちろん、環境以外の政策に対しても「緑の政治」は取り組み、新たな社会づくりに立ち向かうべ

きだと思うわけです。

大野：新しい社会保障や雇用政策として「ベーシック・インカム」（※）と「グリーン・ニューディール（※）」政策も注目を集めていますね。

白井：実はどちらもイギリス発なんですよ。「グリーン・ニューディール」もイギリス人がチームを作って提案し、「ベーシック・インカム」も「ニュー・エコノミック・ファンデーション（新しい経済財団）」という先に紹介したポール・エキンズ氏らが立ち上げた組織が発表しました。

イギリス緑の党はようやく1議席を獲得できた段階ですが、具体的な政策を提言する力が市民社会の中にあるということです。日本でもこれからいよいよ不況が、貧困が、失業が深刻化してくる時代ですから、社会的な弱者を守るため、市民団体と行政が連携していく仕組みを打ち出していく必要があると思います。

すでに少数派（マイノリティ）が増え続けて、多数派（マジョリティー）になってしまったという逆転現象が世界中で起きています。1％の大富豪と99％の貧困層（ウォール街の占拠運動）という経済格差の極大化の構図ですね。

昔は、中間層が圧倒的だったのに、格差が広がって中間層がどんどん少なくなり、気がついたら貧困に苦しんだり、差別を受ける側のマイノリティーが99％になっちゃった。そういう時代なんだと思うのです。ドイツをはじめ世界中で緑の

※ベーシック・インカム＝一定額の所得を、すべての人々に個人ベースで無条件に交付する構想。
⑴世帯ではなく個人対象で、⑵他の所得とは無関係に、⑶これまで就いてきた仕事の能力や働く意志とも無関係に支払われる。

※グリーン・ニューディール＝1930年代の大恐慌において、アメリカのルーズベルト大統領が公共投資によって危機をのり切ったのをモデルに、環境保全や自然エネルギーへの投資によって環境と経済の両方の危機を打開しようとする経済政策。

党が再び躍進を始めている背景には、脱原発だけじゃなくてそういう背景があるんですね。

日本の緑の政党が掲げるべきなのは、もちろん第一に脱原発でしょう。しかし地球規模での環境問題や食料問題はこれからますます深刻な状態になります。すでに異常気象や水不足が世界中で起きている上、２００６年から石油の枯渇が始まっています。今後は石油価格が上昇する一方であり、そのためトウモロコシやサトウキビを原料としたバイオ燃料がガソリンの代わりに使われるようになってしまいました。これらの耕作のため、アマゾンなどで熱帯林の伐採が拡大しています。

最近は地球温暖化について誰もほとんど口にしなくなりました。むしろ懐疑説の方が強くなっています。しかし、異常気象が世界中で増えていることだけは確かです。私は２０１１年10月に非遺伝子組み換え大豆の調査のためインドに行きました。すでに世界一の13・5億人を抱える中国は食料輸入国になってしまいますが、二番目の11・7億人がいるインドまで食料の輸入国になりつつあります。

しかも帰国の途中立ち寄ったタイでは大洪水が広がり、空港は海外へ脱出する人々で混乱していました。今後、ＴＰＰに参加して数年間は安い輸入農産物が日本に押し寄せ、すでに高齢化しつつある農民が日本から消えた後、異常気象や水不足で世界的な食料不足が起こったら、日本はどうなるのか、恐ろしいものがあります。

■「非暴力・直接行動」の意味

郡山：日本の場合は、ヨーロッパと違って政治の現場に社会民主主義的な勢力がとても弱いので、よけいに格差問題とかに「緑」が果たす役割は大きくなるんじゃないかと思います。本来、労働や雇用の政策と、環境や生活の質といった政策を一体化させて実現をめざすべきであり、そうした政策を提唱・推進する勢力が日本にも必要だと思うんです。

白井：欧米では、ごく少数ですが、共産主義者も社会主義者もアナーキスト（無政府主義者）も残っていて、思想や運動の面での影響力を持っているけれども、日本ではまったくと言っていいほど残っていませんからね。欧州の社会民主党や労働党も保守化し、新自由主義的傾向が強まっているとはいえ、革新的な側面も持っています。そういう意味では、日本よりも断然先進的です。労働組合が減少しているというのは同じような傾向ですが、雇用を拡大せよ、賃上げせよといった要求だけでなく、オルタナティブな提案としてワークシェアリングだとか様々な社会制度を提案し実現する段階に入っています。２大保守政党制になってしまった日本やアメリカとは大きな違いですね。

郡山：海外でのアナーキストの活動は迷惑な場合もありますけどね。デモなどで

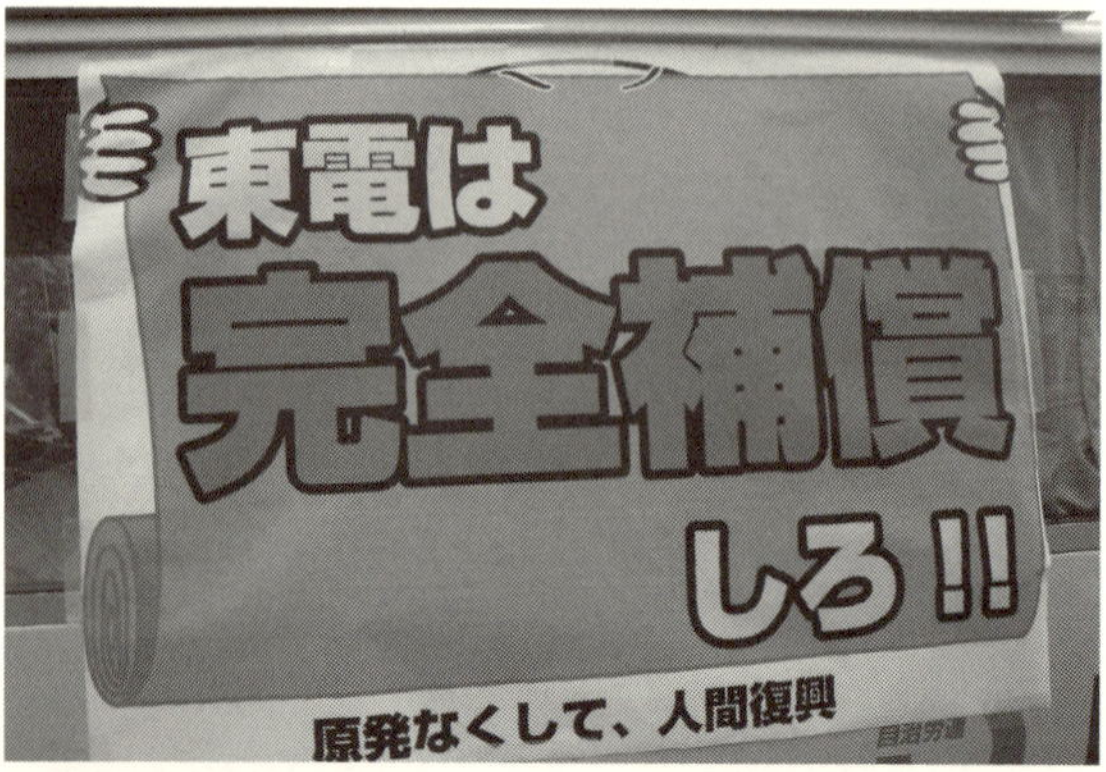

標的となった店舗などを破壊することで、悪い宣伝に使われちゃう場合もあると思います。圧倒的多数の参加者は、非暴力を原則にして平和的にやっているのに。

白井：ただし、彼らの「破壊活動」も実は、一定の範囲内で行っているから、社会的に容認されているんです。そこが欧米市民社会の懐《ふところ》の広さで、日本との大きな違いです。「シーシェパード」の活動は日本では単なる暴力集団としてしか報道されない状況ですけれど、海外では「正義」を実現する「市民的権利」だと考えて、支持する市民も大ぜいいるわけです。

大野：巨大な権力に市民が対抗するための当然の権利であり、「表現の自由」のような受け取り方ですね。日本社会ではそういう意識は非常に希薄です。

白井：2008年に日本のグリーンピースが、宅配業者の倉庫から鯨肉を持ち出した事件がありましたよね。調査捕鯨の実態に抗議するため、乗組員が鯨肉を土産にしている事実を告発することが目的でしたが、社会からは「窃盗」だとして激しく非難され、有罪になりました。日本には捕鯨の歴史がありますから捕鯨を肯定する意見があるのは分かりますし、「シーシェパード」の暴力行為は絶対に認められません。ただし欧州だったら捕鯨に賛成・反対かを別にしても、無罪になった可能性は高いし、少なくともあれほどのバッシングを受けることはなかっ

たはずです。彼らは自分の利益のために鯨肉を持ち出したわけではないし、自ら記者会見を開いているのですから。

郡山：ぼくがイギリスにいた1998年にすごいなと思ったのも、まさにグリーンピースですが、遺伝子組み換えの政府の実験農場にサーの称号を持つ事務局長ピノチェット卿《きょう》たちが堂々と侵入して、試験栽培中のトウモロコシを抜きまくるんですよ。得意の直接行動ですよね。その様子を彼らが連れてきたテレビや新聞が逐一報道し、後から遅れてきた警察にとりあえずは逮捕される訳です。

しかしその後新聞も彼の活動を好意的に報道し、遺伝子組み換え作物（GMO）の安全性はまだ証明されていないから「5年間凍結」しようというキャンペーンを張っていました。ピノチェット卿が獄中にいながら穏やかな表情で、「実験農場を荒らしたのはGMOは除草剤とセットで土壌や地下水などの環境を汚染するし、花粉が飛んだら大規模な遺伝子汚染につながるからだ」と語る様子が大々的に報道されていました。

日本だと変な中立意識が働いて、「暴力的な違法行為」だと責め立て、結局は体制を擁護《ようご》する報道になったり、黙殺するところですが、イギリスではメディアが社会正義を追求し、彼らの行為を大々的に取り上げますよね。だからNGOの側もメディアの使い方が上手い。お互いを利用し合いつつも、悪名高い多国籍のバイオテクノロジー企業、などの犯罪性を暴《あば》くのを見て、興奮しました。

白井：日本だと、逮捕されたらそのまま犯罪者の汚名を着せられてしまいますからね。少なくとも「非暴力」の直接行動については社会的に認知されるようにならないと、世の中は変わらないでしょうね。

郡山：日本では、ほぼすべてのマスコミが、テレビや新聞で東京電力のＣＭを流しまくり、反対運動を黙殺することで、原発を推進してきた訳ですからね。それをやられたら、ただでさえ力のない市民の側はどうしようもない。

大野：多くの市民は、３・11以前は自分たちがメディアから受け取る原発情報がコントロールされていたことすら気づけなかった訳ですからね。

白井：気づいていた人々は本当に１％しかいなかったわけですよね。しかもチラシを撒《ま》いただけで逮捕される、デモでも逮捕される。しかし１％が10％になり、さらにソーシャル・メディアが広がっていけば、そうは行かなくなる。要は、市民の側の自覚にかかっているんですよね。

大野：市民が互いに情報を交換することを通して、自らの自覚を高めていくための道具（機能）としても緑の政党は機能して欲しいですね。

■「脱成長」はありえるのか？

郡山：緑の党の特徴的な政策である「脱成長」というのは日本ではネガティブ（否定的）に捉えられて、上手く趣旨が伝わらなかったりするのですが、ドイツ緑の党の幹部たちの話を聞いていると、風力や太陽光発電などのグリーンな産業をつくって雇用を生むという話がいつも出て来ます。そのあたりは実際どうなんでしょうか？

白井：難しい課題ですよね。「脱成長」は、理念としては説明できるけど、現実的な政策にできるのか、まだまだ新しい社会構想として具体的に提案できる段階にはないでしょう。世界の緑の党の中でも、「緑の資本主義」や「グリーン・エコノミー」による新しい成長を考えている人の方が圧倒的に多いと思います。あまりにも商品社会が浸透しすぎて、個人単位で物を買い、個人単位で消費するということが徹底しているからなかなか脱成長に向かえない。

しかし一方で、現実はもはや成長できない時代、「脱経済成長」を前提に社会を作らざるを得ない時代に入っています。「モノ・カネ・ヒト」と言いますが、「カネ」が手に入らなければ、残された道は「ヒト」どうしの「共同」と「協同」しかあり得ないはずです。つまりは個人で「モノ」を持つことをあきらめ、車や住居など「共同」で物を所有する「社会的共有」。そしてお互いに助け合う

「協同」です。

大野：これだけ世界的に生活が苦しくなってくると、協同組合の意義がもう一度見直されるようになると私も思います。

白井：確かに、協同組合が脱成長の具体的なモデルになり得るはずなのですが、これまでは協同組合が利益主義に走ってしまったり、企業との競争に向かって返り討ちにあったりしてきました。しかし今後、過疎化が進んだ農村部だけでなく、都市でも企業が廃業し、海外に行ってしまえば、残された人々で共同・協同するしか道はないはずです。

今日、最初に、フィンランドで「欧州緑の党大会」に参加した時のことをお話しましたが、そもそもフィンランドに行ったのは新しい協同組合の実態を調査することが目的でした。企業が撤退し、商店が廃業した小さな村で、人々が協同組合を設立して、新しい共同の店をオープンしていました。「少なく消費して、心豊かに生きる」「スモール・イズ・ビューティフル」といった原理に基づいた「脱成長」の社会は、今の世界ですでに存在しているんですよ。

第4章
脱原発・一票一揆！緑のネットワークで、選挙に挑《いど》もう

再び対談

郡山昌也＆大野拓夫

再び対談

脱原発、緑の市民の力を一つに結集しよう！

郡山昌也＆大野拓夫

緑の党は悪しきグローバリゼーションと闘う政党

大野：ここからは、本当に望むべき「緑の政治」を実際にどうやったら作れるのかを考えたいと思います。理念については「グローバルグリーンズ（緑の党の世界ネットワーク）が提起した「憲章」をベースに、日本や各地域のそれぞれの状況を加味して考えて行けばよいでしょうし、人々の「緑の政治」へのニーズもこれからその存在が目に見えるようになるに従って、大きくなるのではないかと思います。何より悪しきグローバル化に対し、また、世界の脱原発に対しても国際的に連帯して戦いうる唯一の政党が「緑」ですよね。

郡山：第3章の「緑の政党への期待」で、緑の党がただの「環境政党」ではなくて、社会的公正や参加型民主主義を掲げている政党だということを初めて知った方も多いと思います。この本では、緊急の課題として「原発」の問題にフォーカス（焦点を合わせる）して取材してきましたが、それに匹敵するくらいの緊急性と重要性があると個人的には思っているテーマに「ＴＰＰ（環太平洋戦略的経済連携協定）」があります。簡単に言うと「平成の不平等条約」ではないか思っていますが、アメリカ中心の通商ルールを世界中に押し広げる側面があると言われています。経済のグローバル化をいっそう進めるということですが、その交渉に関する経過の情報はわずかしか公開されません。アメリカの政治は金融業界や製薬・医療業界、自動車業界、石油業界、軍産複合体などの巨大企業が大きく影響しているといわれていますが、ＴＰＰに参加すると、そうした様々な大手企業が特に日本のマーケットに手を伸ばし易くなるようです。

大野：ＴＰＰで「国民皆保険」が危なくなるとも言われてますね。

郡山：報道では、日本がＴＰＰ交渉に参加するかどうかを話し合う日米事前協議に関連して、「保険・自動車・牛肉」の3分野でアメリカが譲歩を求めていると伝えられています。保険の分野では、安価に病院などでの治療を受けられる「国民皆保険制度」について、日本人は当たり前のように享受していますが、アメリカにはそんな制度はありませんでした。

民間の保険会社に入るお金のある人は保険に加入していますが、できない人も少なくありません。日本がTPPに参加した場合、保険業界にも競争原理を持ち込むので、高い保険料を払える人は質の高い医療を受けられても、そうでない人が質の低い医療しか受けられなくなる可能性があります。アメリカでは手術の方法一つとっても企業が特許を持っていますから、今後は、パテント（特許権）を持つ企業にお金を払わないとその手術ができないという状況が起こる可能性があります。

大野：つまり日本でも今まで受けていた保健医療が、同じ質の医療を受けようと思ったら、多額の費用を払わないと受けられないと。TPPに参加すればますます貧富の差が大きくなる。そうした議論は殆《ほとん》どされていません。

郡山：そうですね。アメリカがものすごい格差社会だということはようやく一般にも知られるようになって来ましたが。生命の現場に新自由主義的な競争原理を持ち込むことで、強い企業は立場がどんどん強くなって、その結果医療費が上がります。その費用を払える人はいいけど、そうじゃない人は治療を受けられなくても小泉・竹中流の自己責任だから仕方ないという…。極端な話、「金のない人は死んでも仕方ない」といわんばかりの状況のようなのです。

大野：日本でも、国民皆保険と言いつつ、国民健康保険の保険料が払えない人が急激に増えていますね。実は僕自身も経験があるんですが、数年間保険料を払わないと、保険に復帰するのに何十万円もの保険料と半年複利で15％くらいの利子を要求されました。もともと低所得で払えなかった訳ですから本当に苦しかった。奨学金の返済も同じような利率で重なっていたのでまるでサラ金地獄でした。国が、勝手に契約を変えて高利貸しになるなんて、あってはならない政策です。これも小泉改革による新自由主義政策の負の一例です。借金苦などの経済的理由で自殺する人も増えていますね…。

郡山：この10年以上、日本は毎年3万人を超える人が自殺に追い込まれると言う異常な社会ですが、最近ではより格差が広がって、餓死したり孤独死したりする人も増えていますね…。TPP参加で、この状態に輪をかけることになるのではないかと言われています。TPPは単なる貿易協定ではなくて、医療や保険、金融サービスの仕組みなどをアメリカの大企業に有利な基準に合わせて変える側面もあるからです。

大野：聞いていると、日本とアメリカの不平等条約ってことじゃなくて、アメリカ国内の不平等性を世界に拡大するシステムのように見えますね。

郡山：その通りで、国と国の話というよりも、大企業優先の仕組みと弱い者から搾取《さくしゅ》する構図を日本にも広げようということだと思うんですね。

大野：アメリカって「自由と民主主義の国」って言うイメージが昔はあったけど、全然イメージが変わりましたね。「お金を持っている人」にとっての自由なんだな。

郡山：強い者のための自由。いわゆる新自由主義経済の極地というか、ある意味の実験場みたいですよね。それが行き着くところまで行って、いわゆる「1%対99%」「オキュパイ・ウォールストリート（ウォール街を占拠せよ）」と言うような対抗運動に結びついていると思います。

アメリカとFTA協定（自由貿易協定）を結んでしまった韓国では、米国の医薬品メーカーが、医薬品の薬価が低く決定された場合、これを不服として韓国政府に見直しを求めることが可能になる制度が設けられたようです。怖いなと思ったのが「ISD条項（投資家対国家の紛争解決条項）」ですが、これもアメリカの企業の権利を拡大する条項で、相手国の法律によって損害を被《こうむ》った場合にその企業が相手国を提訴できるという驚くべき制度です。ISD条項は、各国が国民の安全、健康、福祉、環境を自分たちの基準で決められなくする「治外法権」規定とも呼ばれています。

大野：今の国家がまともだとは思わないけど、企業の利益が国家の法に勝るというなら、個人の権利を守る方法はないに等しいですね。しかも、この場合の企業は主に多国籍企業だから、日本の中小企業なんて完全に吹っ飛ばされる。

郡山：そうですね。例えば、日本では「遺伝子組み換え原料」を5%以上使う食品には表示をする法律があります。ＥＵは１％以上で表示義務がありますが、アメリカでは表示の義務はありません。企業としては隠したい情報ですからね。ＴＰＰに加盟すると日本も表示ができなくなる恐れがあります。もし表示をして訴えられて敗訴したら、多額の賠償金を払うことになるかも知れません。その意味では、消費者が安全な食品を選ぶ権利も失う可能性があります。

大野：他にも農薬だとか食品添加物だとか、色々な問題がありそうですね。

郡山：産業で一番心配なのは農業です。ＴＰＰの一番のポイントは無条件に「全ての関税をゼロ」にすることです。約７００％の関税をかけて守っているお米も、アメリカやアジアなどから非常に安いお米が入って来たら日本の農家は太刀打ちできないでしょう。場合によっては日本の農業は壊滅するのではないかとも言われています。ただでさえかなり高齢化（平均年齢約65歳）している農業ですから…。農水省は、自給率も41%が14%になると予測しています。

大野：食料が安くなるって喜ぶ人もいると思いますが。

郡山：確かに短期間で見れば安いものが買えるように見えますが、今起きている地球温暖化や異常気象（集中豪雨や旱魃《かんばつ》）の影響で世界の食料生産力が急激に落ちています。そうすると各国が食料を囲い込みます。食料安全保障と言いますが、自国民に食べさせるために輸出はしないと。現に、昨年ロシアやいくつかの国が禁輸措置を行いました。つまり、輸入する側にいくらお金があっても買えないと言う状況がすでに起きているのです。

もう一方で、食料は先物投資の形で金融取引の対象になっています。生産量が減れば投資が集まって食料価格が急騰《きゅうとう》する。だから、関税が撤廃されることで農産物の価格が安くなる要素もあるけれど、高くなる要素もあって、国内で食料が生産できないと何か緊急事態が起こった場合に、輸入できなくなるリスクがあるのです。

大野：一方で石油も産出のピークを既に超えて、今後は高騰《こうとう》する一方と言われているから、海外から食料を安定的に輸入するということは、ますます難しくなって来ますよね。食料が生産できなくなった上に日本国債が債務不履行《デフォルト》（国家破産）にでもなったら、日本から飢餓難民が溢れ出すようなことだってあり得ますね。今の日本の状態でＴＰＰを進めるなんて言うのは、あまりにリスクが高いように思えます。

「原発優先社会」から転換するには

大野：ここで少し、原発事故の背景を振り返りたいと思います。と言うのも、それがこの国の様々な問題に共通する要因だと思うからです。

郡山：これまで原発は、コストが安い。安全でＣＯ２を出さないからクリーンなエネルギー源だと喧伝《けんでん》されていた訳ですよね。もうこの話を聞いて信じる人はいないと思いますが、何でこんないい加減な話が信じられて、原発が推進されたのか。多分そのベースにあるのは経済成長至上主義。とにかく売り上げが増えれば、ＧＤＰが上がればよいと言う話です。ある意味で、原発は最大の公共事業だとも言われていますよね。

　今までエネルギー政策を進めて来た自民党、そのレールを敷いた経済産業省、東電などの電力会社、プラントをつくる電機メーカーや建設会社。彼らにとってはものすごくおいしいビジネスだった訳ですよね。そこにマスコミと学会までもが加わって、放射性廃棄物の処理や廃炉の費用のことは触れず、安価な電力だと大嘘をついて進めて来た訳です。国民の血税や電気料金を使って、膨大《ぼうだい》な予算を使えるプロジェクトだった訳ですよね。だから、本来とても危険でダーティーな発電施設だったのに、そのことが全く伝わらなかった。このことを決して忘れてはいけないと思います。そして、人類史上、最悪に近い福島原発事故という事態を招いた責任をしっかり問うべきだと思います。

大野：危険だと言うことでもそうだし、技術自体が未完成のものだと言うこともありますよね。原子力発電自体もそうですが、それ以上に放射性廃棄物に関しては、何万年も先の人類に極めて危険な負の遺産を残す。例えば、福島第一原子力発電所の吉田前所長が収束には３００年はかかると言ったのは、極めて高レベルの放射線が300年は出続けるので、本格的な収束作業ができるのは、少なくとも300年後になると言うことですよね。その間に巨大地震や津波が襲ったら、さらに大きな問題が起こる。格納器をメルトスルーした核燃料による汚染地下水と海を300年以上遮断《しゃだん》する巨大な防波堤が必要かもしれない。原発事故が人間や自然界に与える影響については今も不明なことばかりです。この分野でも、注意深く見て行く責任が私たちにはあります。

郡山：よく原発は「トイレのないマンション」と例えられます。でもトイレなら、糞尿《ふんにょう》は循環させることができますが、放射性廃棄物は長期に渡って危険な放射線を出し続けます…。メルトダウンした核燃料は取り出せるかどうかも分からないし、廃炉の費用もどれくらいかかるか分からない。使用済み核燃料の管理費も当然入れて考えなきゃいけない。原発が「安い」なんて嘘《うそ》は今や子どもでもわかる話です。結果的に嘘をつき通して来た経産省、東電と財界、自民党、学会、そしてマスコミの責任は重いと思います。もちろん騙《だま》された私たちにも責任はありますが…。

大野：巨大な広告収入で得た高所得で批判性を失ったジャーナリズムの問題もありますね。それを仕掛けた「欲望拡大装置」としての大手広告代理店の社会的な責任が問われなければいけません。東京電力が事実上倒産して、原子力が採算に合わないことははっきり証明された訳ですから、産業界としても、これまでのように原発にしがみつく形ではなく、再生可能エネルギーに大胆にシフトして世界市場に打って出るような前向きな戦略に転換して欲しいですね。日本の再生可能エネルギーの潜在力は大きいし、この分野でのイノベーション（技術革新・刷新）は極めて可能性の高い分野だと思います。

市民社会と緑の政治　世界と日本は今……

大野：白井さんのお話の中で、日本の市民社会の層があまりにも薄いことが緑の党が育って来なかった背景だという話がありました。

郡山：世界の緑の党が全部そうだということではないのですが、ドイツの例で言えば1章でもお話した「新しい社会運動」、いわゆる市民運動やNGO、NPOで活躍していた人たちが反対運動をしているだけではなかなか事態が変わらない、アドボカシー（政策提言活動）をやっても政策が採用されない。だったら、ある意味「究極のアドボカシー活動」として、自分たちの政党をつくろうというのが緑の党設立の一つの流れだったと思うんです。日本でも、それが踏んで行くべき理にかなったステップではないかと思います。

大野：ヨーロッパ全体ではNGOの活動はどうなんでしょう？

郡山：例えば、有機農業やオーガニック食品のことで言えば「これはちゃんとオーガニックですよ」って証明する仕組み（有機認証制度）があるんですけれど、これは僕が世界理事を務めさせてもらった国際NGO「IFOAM：アイフォーム（国際有機農業運動連盟）」や民間の有機認証団体が主導してきました。その結果、オーガニック食品産業は欧米で約6兆円のマーケットに成長しました。

　またEUでは、加盟国が共有する「共通農業政策（CAP）」の中で、有機農業も含めた農業政策全体の枠組みをEU委員会で決めているんですが、それについても欧州を含む世界中の有機農業団体の連盟であるIFOAMがEU官僚と同じテーブルについて議論をリードしてきました。

　この市民社会側からの農業環境政策（有機農業政策）に関する提案を政治の側で受けとめて政策化してくれたのが欧州や各国の緑の党でした。ここでも緑の党とNGOは、目的が同じということもあり、現場と政策決定の立場で協力し合っています。

　それ以外にもグリーンピースや「地球の友《FOE》」などの国際環境NGOやOxfam（オックスファム）などの開発援助NGOなどでは、博士号を持っている専門家を雇用して、地球温暖化など環境政策に関してEUや加盟各国の官僚たちと同等のレベルで政策提案を行っており、これにも緑の党が協力して政策決定に大きな影響を与えています。

大野：国際NGOが国連などの国際機関にできない仕事をしたり、対案を出しながら、国際的な枠組みに影響を与えている場面を、僕もいくつかの現場で目にして来ましたが、NGOが国際舞台で重要な役割を果たしているリアリティーが日本ではまるで伝わっていません。こうした視点がないために、日本の社会運営の発想が周回遅れになっている感じがしています。

「緑の政治のネットワーク」が動き出した

郡山：ここまで日本で緑の政党が出来なかった理由を見て来た訳だけど、取材を通して、その可能性が少し出てきた状況も見てきました。具体的な事例として、中沢新一さんや加藤登紀子さんたちが「グリーンアクティブ」を結成して、（政治団体の「緑の日本」が発足）そして「みどりの未来」は２０１２年7月末に「緑の党」を結成しました。また、加藤登紀子さんたちが呼びかけた共同会議の場、「みどりの会議」も開催されています。第一回の呼びかけはかなり急な話だったから、大丈夫かな？とも思ったけれど、蓋《ふた》を開けたら多彩なメンバーが集まりました。

大野：郡山さんは「みどりの会議」に参加してみてどう感じました？

郡山：まず、「みどりの未来」のメンバーも参加したのがよかったですね。加藤登紀子さんたちが、「緑の政治」を目指すグループで集ろうと声をかけて下さったので。グリーンアクティブ代表の中沢新一さん、その中で政治部として動いているマエキタミヤコさん、個人参加のテレビ番組のプロデューサーや大手新聞社の編集委員、出版社の編集者、「リズム隊を率いてデモに50回行ってます」みたいな人もいました。

福島で被ばくした子どもたちの権利を守ろうと頑張っている弁護士、有機農産物流通の経営者、著名な作家、浜岡原発の訴訟原告、平和構築活動を続けている国際交流ＮＧＯの代表者や「原発都民投票」の関係者など多様なメンバーが集まりました。

大野：でも、みんな政治が大事だって意識は持っていたんだけど「緑の政党」をつくろうという意識が明確な集まりではなかったですよね。

郡山：まずは「顔合わせ」が大事な目的でもあったしね。でも、共通の意識としては、「やっぱり原発は止めなきゃ、そのために一緒に頑張ろう」というのは共有されたと思います。

個人的な感想としては「ある意味でこれがグリーンアクティブじゃないの？」って思いました。脱原発という旗の下に緑の意識を持ったアクティブなメンバーが集まったのかなと。とてもいい感じでしたよ。

大野：脱原発で言うと、国会では超党派の「原発ゼロの会」が実質10人くらい。民主党内でも菅直人氏を中心に「脱原発ロードマップを考える会」が70人くらいの勢力になっている。民主党の地方議員を中心に脱原発の全国ネットをつくろうと言う動きもあります。2012年4月には「脱原発をめざす首長会議」が現職首長や元職合わせて69人で立ち上がっています。カタログハウスの調査では、何らかの形で脱原発を志向する首長は500人もいるとのことです。

つまり、脱原発は政治の中で、新たな潮流になろうとしている。こうした人々と連携しながら、いかに緑としての存在感を示せるかが、究極の「緑の党」誕生の条件になるんだと思います。具体的で明確な目標が必要ですね。

アンフェアな日本の選挙制度、これがネック

郡山：まだ、「イカダって何ですか？」という話はしてないですよね。

大野：「緑のイカダ方式」というアイデアが出てきた背景には、日本の国政選挙がとんでもなくアンフェアな制度だということが前提にあります。例えば、政党の候補者として出馬するのと無所属で出馬するのとでは、まったく扱いが違うんですね。政党で出馬する場合は政見放送にも出られるし、政党としてのチラシを配ることができますが。無所属はどちらもできません。特に参議院選比例区の場合は、無所属は事実上出馬できない仕組みです。それなら政党をつくればいいじゃないかという話ですが…、既成政党は極端な話、たった1人出馬するだけでも政党候補として認められますが、新しい勢力の場合は、10人以上立候補者を集めないと政党として認められないという問題がありました。

郡山：新規参入者にはものすごいハンデですよね。ヨーロッパでは、供託金はないかあってもせいぜい数万円ですよね。

大野：日本の選挙制度は他にも民主主義国の制度としては非常に問題があるものが多いのですが、そのことをメディアもほとんど取り上げて来ませんでした。「みどりの未来（緑の党）」が、２０１３年の参議院選挙を目指して、「１億円キャンペーン」を行ってきたのも、この障壁をクリアするためですよね。参議院比例区で1名当選させるのには、約２％の得票、１１０～１２０万票が必要です。１人を通せるだけでも、国会議員がゼロから1になるのですから大きな前進ではありますが、脱原発を実現し、世の中の流れを変えるためには、「緑」の動きをより大きなムーブメントにし、脱原発に前向きな既存の政治家とも連携して、国政のキャスティングボードを握ることが必要です。

緑のイカダとは？　緑が一つに連帯すること

大野：そのための仕組みのヒントとして考え出されたのが「緑のイカダ方式」という訳です。例えば、「みどりの未来」（緑の党）が一つの丸太であるならば、他にも丸太になってくれる組織が複数集まって（例えば10グループ）、候補者とお金と活動を出し合い、候補者リストを一つにし、大同団結して選挙に臨むイメージです。中沢新一さんも同じようなイメージを持っているようでしたね。このイカダ戦略ですが、西ドイツ緑の党が最初に国政選挙で議員を当選させた時の「緑の候補者リスト」も実は同様の戦略でした。この時も、様々な市民運動、フェミニズム運動、反核平和運動などから、それぞれ代表者を候補として送り込み、それぞれのグループが運動を展開して選挙に臨んだ結果、いきなり28議席獲得という大躍進をしました。日本では選挙制度が違うので単純にこのような結果になることはないでしょうが、多様な緑の人々が各チームで集まって緑のネットワークとなる、この方式なら例えば参議院全国比例区で複数議席を取ることが可能です。逆に言えば、日本の厳しい選挙環境の中で、まだまだ力の弱い緑の人々が現実的に議席を得るには、この方式以外にないと考えています。

郡山：どんなグループが参加してくれると「緑のネットワーク」（緑のイカダ）が実現しそうですか？

大野：例えば生活者ネットのような「ネットワーク運動」系のグループは、国政に関わらないことを決めていますから組織的に動くことは難しいと思いますが、心情的には一緒に動ける人たちです。こうした人たちの中で「もう民主党ではない」と思う人には参加してもらったら良いと思います。

郡山：僕も今は生活クラブの組合員ですが、生活クラブや生活者ネットワークの理念には地域への強いこだわりがあるものの「緑の政治」と共通するものが多いと思っています。「緑の政党」が成功するかどうかは、「パルシステム」や「大地を守る会」などを含めて、全国の生協や自然食品店まで、食の安全と環境問題に生活の場から代替案を提供してきた団体の支援が得られるか次第ですね。この業界で約20年働かせてもらった者として痛感しています…。

大野：ネットワーク運動は緑の党と理念的に近い「生活者政治」や参加型民主主義を掲げて、実践して来た訳ですから。他にも市民運動の分野では公害運動、ダムや公共事業、人権活動、反戦平和、アイヌの人々、沖縄と平和、女性や子どもの権利、障がいのある人々、パーマカルチャー（持続可能な農的暮らしのデザイン）、トランジション（街を原発や化石エネルギーから自然エネルギーなど、自給可能なシステムに変える運動）、反貧困、反TPP、有機農業運動と言った市民運動や、農民、漁民、高齢介護・福祉、サーファーと言った生活やライフスタイルに根ざした人々、そしてもちろん脱原発や福島の子どもたちを守ろうという社会運動。地球と私たちの未来、生活の質を守ろうとする人々、公正な世界現実のため海外援助をやっているNGOなど、あらゆる運動があります。

　こうしたグループにそれぞれ運動を作ってもらい、できれば政策や候補者も掲げて、選挙という激流を下る。イカダに例えるならば丸太の一本を担って頂く。候補者を出すことが難しいグループはカンパを出して頂いたり、ネットや広報紙などで「緑の運動」を紹介して頂くというイメージです。こうした動きに呼応できる人々は相当数になると思います。私たちも、丸太を一本一本しっかり結びつけるロープ役として、下働きできます。

郡山：何だか可能性が見えて来ますね。今のは2013年の参議院選挙ですね。その前にあるかもしれない衆議院選挙に関してはどうですか？

大野：残念ながら小選挙区制で緑が当選することは簡単ではないですよね。より可能性があるとすれば比例ブロックです。例えば東京ブロックでは4人候補者を立てればエントリーできます。供託金で言うと4人×600万円で2400万円です。過去の例ですと得票率6・5%（約35万票）程で1議席を得ています。

郡山：でも、衆議院で1議席をとっても政党要件はとれないのですよね？

多様なグループが選挙で脱原発のイカダを組む

大野：政党要件は、全国で2%（約120万票）以上の得票か、5人以上の当選ですからね。政党要件を得ると、先程言ったような選挙にエントリーするための障壁が大幅に緩和されるだけでなく、政党助成金が入って来ることになります。これが参議院で1議席の場合は、年間約1億円程です。このお金を有効に使えば、政策を調査するミニシンクタンクや、新しい方向性を知らせる市民メディアをつくることもできます。既成政党はこれを選挙資金に使っている訳で、これも一種の参入障壁と言えますね。

郡山：なるほど。それは大きいですね。そうしたエントリーの切符を市民の側が獲得する。そのためのイカダ作戦ということですね。

大野：そう思います。そのためにも複数議席を獲得することが、イカダ方式の目標になると思います。以前の参議院選挙は候補者の順位を予《あらかじ》め決めておいて、その順位で上から当選が決まって行きました。ところが10年くらい前に「非拘束名簿式」に変わりました。これは、一票でも自分の名前を多く書いてもらった候補者から当選して行く方式です。イカダ方式は、この非拘束名簿式だからこそできる方法なんですね。どの候補も上位になる可能性があるから公平に頑張れる。お互いに競い合うことで、リスト全体の票が伸びて、当選できる人数が増えることになる。

郡山：なるほど。ただそうなると、やはり有名な人の方が有利になる傾向があるのでは？

大野：一般的な傾向としてはそうだと思います。ただ、せっかく緑の政党なのですから、実績があったり、若くて可能性のある人材に出てもらいたいですよね。最初は無名であっても、政治の場の活躍で力を発揮してもらえばいい訳ですし。

郡山：一般の政党では、いわゆる労働組合とか、組織内候補という場合には、ある一定の合意の上で、組織的な票が得られる訳ですよね。

大野：緑の場合、巨大な組織が推薦して来ることは基本的にはないでしょうから、むしろキャンペーンで「若者の代表を」とか「放射能から子どもたちを守ろう」みたいなテーマで、賛同する個々人が沢山集まる形が期待できます。そこにある程度知名度のある人や、運動の中で信頼されている人が候補者や応援団として参加してくれれば一番いい。

郡山：そういう意味では機運は高まって来ていますよね。

大野：イカダの組み方にも2種類あって、一つのまとまった党として候補者グループ毎に丸太を組む単純イカダ型と、それぞれの党なり組織は残したまま選挙の時だけ連帯してやりましょうと言う「選挙連合型」ですね。後者は複数の舟をロープでつなぐイメージかな。

郡山：選挙連合であれば、それこそ社民党でも国民新党でも、その時はいったん党を辞めてということ？

大野：いいえ、小島敏郎さんが（第2章で）詳しく触れて下さったように、党の組織はそのままで、選挙の時、「候補者リストを統一する」ということです。その中で一番得票数の多い人から当選ということになりますよね。後で喧嘩《けんか》にならないように、当選後の政策協力体制を予め決めておく必要がありますが。

郡山：この場合も結局同じ話で、有名人を立てられる組織のアドバンテージが上がりますね。でも一方で、一般からの幅広い支持を得たいという時に、実績のある「緑」を象徴するような候補者は不可欠ですね。

大野：ドイツ緑の党の故ペトラ・ケリーなんかもある程度有名だったのですか？

郡山：彼女が、環境・平和活動家としてもう一つのノーベル賞と言われるライトライブリフッド賞をとったのは緑の党ができる前です。候補者として何度も挑戦した、現代美術家で、社会彫刻家のヨーゼフ・ボイスも既《すで》に有名でした。

大野：候補者にはならなかったけど作家のミヒャエル・エンデも応援していたそうですね。

郡山：やっぱり国政と言う時に、「緑の政党」の進める政策を「それまでの活動や実績で体現する候補」は絶対必要だと思います。

　イカダの良いところは、七色か十色か、それぞれの候補者の色々な運動実践で「緑の党」が「格差問題や福祉や障がい者問題、女性の権利や農業などなど、様々なテーマに配慮するなど環境政策だけの党ではない」ことを有権者に理解してもらえるので。

大野：選挙で勝とうと思ったら、魅力のある候補者を集めてくることも大事だし、選挙のお金も大事だし、何より、全国で動ける人が無数に出て来ないといけない。みんなが力とお金と知恵と汗を出し合って協働する以外に、脱原発を実現し日本を変える方法はないですからね。あとはマスコミの理解。

　現実的に考えると、イカダ方式しかないんですよね。じゃないと緑派が分裂選挙になって、共倒れで勝てない可能性が高まるわけだから。

郡山：これまでの「緑の党のようなもの」としての挑戦は、候補者を一本化できなかったことや、多彩な候補を揃えられなかったことが原因で、1989年（反原発派が3つに分かれて選挙）と2004年の選挙で2回負けている訳ですからね。

　敗北から大いに学ばないといけませんね。

大野：2回とも、結局多くの緑の人々による調整ができず、人々の参加を広げられなくて、失敗した訳ですからね。

市民による市民のための緑の政治を！

郡山：最後に、緑の政治を実現するために、これだけは大切だということは何かある？

大野：繰り返しになりますが、緑の政治は単に「新しい政党をつくろう」という運動ではないと言うことです。3・11原発事故で明らかになったことは、私たちが当たり前と思って来た安全な場所に暮らし、安全なものを食べる権利、子どもを安心して安全に生み育てる権利、それらの情報を知る権利を、十分に持ち得ていなかったということです。それらを実質的にコントロールして来たのが経済界であり、そこに連なる学会やメディア、それらの事務局を担った官僚機構でした。彼らの意識の中では国会と政治家は、そのコントロールの下にあったのだと思います。それが原子力ムラの構造です。

緑の政治運動は、端的に言えば、これらの権利を私たち一人ひとりの手に取り戻す運動なのだと思います。政治権力は、官僚のものでも政治家のものでも、もちろん財界のものでもなく、私たち一人ひとりのものでなければなりません。これが民主主義の根本であり、緑の政治は、これを全面的に体現するデザインにすべきだと考えます。

郡山：僕は2012年の3月末に、アフリカのセネガルで開催された第3回「グローバルグリーンズ会議2012（緑の党世界大会）」に参加しました。2001年の第1回大会には大野君も一緒に参加したんだよね。あれから11年が経った訳だけど、世界の緑の党がすごく成長していることに感動しました。

第1回の時は、若者が多く、まるでNGOの集会のような自由な雰囲気に驚いたり、基調講演やワークショップの司会を、女性が、たおやかな手さばきで見事に務めていたことに感動したりしましたが、11年後の今回はもう女性が活躍するのは当たり前（笑）。現実の国際政治の舞台でも70人近い国会議員を束ねて、国として脱原発を決めたドイツ緑の党党首のクラウディア・ロートさん。彼女は1986年のチェルノブイリ原発事故で、政府が事実を伝えないことを経験したことから、原発の非民主性を訴えていました。

また、17年ぶりに政権交代を果た

したフランス社会党と連立政権を組むことになる、緑の党書記長のセシル・デュフロさんは4人の母親でもありますが、大統領となったオルランド党首に「気候変動や原発の削減に熱心ではなかったから、支援の条件として原発を50％削減することを提案した」と言ってました。デュフロさんは、政権交代の結果、第1次オルランド内閣の地域間平等・住宅大臣に就任して、6月の衆院選でもフランス緑の党は躍進しました。

ドイツから遅れること35年ではありますが、人類史上で最悪の福島原発事故を起こしてしまった日本にも、初めての市民政党である緑の党の設立を通じて、女性や若者が活躍できる民主主義を育てていきたいと思いました。

「脱原発」実現のために市民による緑派の大結集を！

郡山：7月に野田政権は、多くの反対の声に耳を貸すことなく、大飯原発の再稼働を強行しました。そのことに抗議して、数万人〜20万人ともいわれる多くの市民が首相官邸前や大飯原発、原発国民投票で盛り上がる静岡や札幌など全国各地でデモを行いました。

さらに、7月16日には東京の代々木公園に17万人が集まりました。また、鹿児島で日本で初めて脱原発を掲げた候補者と官僚出身の現職知事との一騎打ちとなった県知事選がありました。結果は、40万票弱対20万票のほぼダブルスコアではありましたが、共産党を除くすべての政党と農協、労働組合までが応援した現職候補を、1ヶ月足らずの選挙期間で無名の新人候補が半分以上に追い上げたことが、保守的な鹿児島では驚きをもって語られています。7月29日に投票日を迎える山口県知事選挙でも「脱原発と自然エネルギーの導入」を訴える候補者が大健闘しました。そして7月28日には「緑の党」も結成されました。7月29日は過去最大の国会包囲デモ。

一方で、7月11日には、民主党を離党した議員らによる反消費税に脱原発も掲げた小沢新党「国民の生活が第一」が50人弱のメンバーで結成されました。（その後、「みどりの風」という新会派も誕生）

政局次第では、年内に衆議院の解散総選挙がある可能性も出ています。このような状況を受けて、脱原発の大きな民意を政治的に受けとめるために、これまで脱原発運動や平和運動、環境運動などを展開してきた団体やＮＧＯによる衆院選に向けた「脱原発実現のための市民による緑派の大結集」の可能性が模索されています。できれば、そこにはこの本で取材させていただいた皆さんに、ぜひ関わっていただきたいと思いますし、この本を読まれた皆さんにも、参加していただきたいと思っています。そして『もう原発はいらない―脱原発・守れ子どもの「いのち」と未来、緑の政治ネットワークで一票一揆だ！』を皆さんの、私たちの手でぜひ実現させましょう！

大野：原発を推進してきた張本人のひとりである小沢一郎氏が何の反省もなく、行動もせず、脱原発を唱えても一切信用されないでしょう。彼も退場すべき政治家の一人にすぎません。古い政治は早く一掃しましょう。

　実際の運動を創るには、個々人の動きだけでは難しい面もあります。これまで様々な運動を担って来たＮＧＯや市民団体が、どれだけ意識的にネットワークを形成できるかは重要なポイントだと思います。市民運動はそもそもが政治的な存在な訳ですし、政治的に責任を担《にな》う意識を市民社会が持つことで、社会が成熟することにつながる訳ですから。それぞれがセクショナリズムに陥《おちい》らず、間違えてもやり直せる寛容さをお互いに持ち合わせながら、しなやかに、したたかに連帯することができれば、地域も日本も、世界も必ず変えられます。

　そうした市民の連帯が育つように、私たちもできることをやり続けて行きたいですね。

あとがき1

この本が目指したものは、緑の政治で新しい世界をつくること

私が11歳だった夏休み、まちの公民館でヒロシマの原爆写真展が開催されていました。幼いながらに、核や放射能の恐ろしさ、そのような破壊を生み出す人間社会の不条理を感じたのを覚えています。父の実家には、二人の若者の遺影が飾ってありました。20代初めに戦死した伯父たちでした。私が中学に入ると、頭を丸刈りにすることを強制され、入学して一週間は行進と日の丸を掲揚する練習が続きました。1980年当時の愛知県下の公立小中学校はそんな雰囲気でした。私が日常の暮らしの中に「戦争」の陰が潜んでいることを意識し続けたのは、そんな幼い頃のいくつかのきっかけがあったからだと思います。

一見平和に見える世界ですが、現在の社会は米国などの巨大な軍事力を背景に成り立っています。原子力発電の背景にも核兵器や軍需産業の潜在力維持といった背景があることが想像できます。しかし、このように力でコントロールされた社会は真に平和ではありません。市民が社会運動をすることには確かに経済的、

肉体的なリスクがあります。しかしそれは、私たちの生命や、子どもたちの将来を守るために不可欠な保険のようなものだと私は考えます。より多くの人が関わることで、社会全体のリスクを下げる効果があるからです。そして、これを政治的意思決定の場につなげていく重要な装置が緑の政党なのだと私は考えています。

この本が目指したもの

この本が意図したことは、緑の社会を実現するためのツールとなることでした。そのために、いくつかの工夫を凝らしました。一つには、緑の政治に連なる様々な動きを敢えて並列的に扱ったことです。緑の政治が幅広い国民の共有財として成立して欲しいとの願いからです。二つ目は、「緑のイカダ方式」の紹介です。これは、日本の国政に緑の政党が誕生することを可能にする方法論として考えたものです。具体的には第4章で触れていますが、この本全体を通して読むことで、その真意を読み取って頂けるように構成しました。三つ目は、本書に綴込《とじ》まれている「ハガキ」です。このハガキは、読者の皆さんが「この人」と思うような将来の「緑の候補者」を挙げて頂く投票用紙になっています。ぜひ、あなたのお力で本当に才能ある、心ある人材を発掘して頂けたらと願って止みません。ただし郡山、大野は除いて下さい（笑）。この結果は、折りをみてほんの木のホームページや大野のブログ、Facebookなどで紹介するとともに、「みどりの未来」（この7月から「緑の党」）、「グリーンアクティブ」など各運動体に資料として提供したいと考えています。自薦、他薦を問わず特に若い人材の発掘を期待します。

また、この本は予約販売の方式をとりました。出版不況の中、無名の二人が、書籍という伝達手段を得るには大きなハードルがありましたが、多くの皆様のお力をお借りすることで、本書が世に出ることができました。改めて心から感謝の気持ちをお伝えしたいと思います。本当にありがとうございました。また、長らくお待たせして申しわけありませんでした。

この本が生まれた経緯

この本の企画は、当初出版元である株式会社ほんの木の柴田敬三代表から、編著者である二人に持ち込まれたものでした。ほんの木は、チェルノブイリ原発事故があった1986年に発足し、以来一貫して、反原発の立場で、日本の市民社会を成熟させるべく様々な書籍や雑誌を世に送り続けて来ました。特に1988～1991年にかけて発行された雑誌update（アップデイト）は、霍見芳浩氏、杉本良夫氏などを論客に国際化・グローバリゼーションと民主主義について論じたビジュアル・オピニオン雑誌で、当時大学生だった私は大いに刺激を受けました。私が最初にほんの木を訪れたのは確か1991年で、当時のそのオフィスには、たくさんの市民運動の人々（現在は政治家やジャーナリストとして活躍している人も…）が出入りしていたのを覚えています。

実は、1989年の参院選で緑の党的な反原発を目指した3グループが立ち上がった際、その統合の交渉が持たれたのもほんの木の事務所であったそうです。残念ながら交渉は不成立、以来20年以上経た今も国会に緑の議席は誕生していません。柴田氏は、世田谷区長になった保坂展人氏などとも近く、日本の民主主義の成熟のために半生を捧げて来られた希有《けう》な人物です。

郡山氏との出会いは、２００１年に遡《さかのぼ》ります。私が関わっていたエコ・リーグ（全国青年環境連盟）とアシードジャパン（国際青年環境ＮＧＯ）の若きリーダーであり、当時日本リサイクル運動市民の会（現らでぃっしゅぼーや）の社員であった女性が、参議院選挙千葉選挙区に出馬しました。郡山氏は彼女の職場の同僚で、彼と私はともにボランティアとして選挙に関わり、その年オーストラリアで開催された第一回グローバルグリーンズ会議（緑の党世界大会）にも一緒に参加しました。その後郡山氏は海外への留学、ＩＦＯＡＭ《アイフォーム》世界理事という道を歩み、私は中村敦夫参議院議員の「みどりの会議」事務局や2度の横浜市議選への挑戦を経て今に至っています。

この本の企画から編集までは約1年ですが、柴田氏と私たちが緑の政治や民主主義の成熟のために関わったこの間の人的ネットワークと失敗も含めた経験が詰め込まれていると思います。

緑の政治は新しい世界をつくるツール

私自身は、才能にも経済力にも恵まれた訳ではありませんが、長く市民運動と

日本の緑の政治を押し進める動きに関わってきました。それはとても創造的で楽しい作業だからです。

一方で原発や自然エネルギーといった政策はまさに「いのち」の課題です。単に日本中の原発が止まっただけでは問題は解決していないことも明らかです。汚染された大地や子どもたちの命をどう守るのか。世界のエネルギーや経済、社会をどうするのか。既得権益の固まりである原発ムラを解散させるためには、既成の政治の枠を超えた動きも必要です。最後に、私がいつも自分自身に語りかけている言葉を読者の皆様と共有したいと思います。

「この地球には、全ての人が幸せに暮らすのに十分な物と知恵と生《せい》との関係性がありまます。恐れ奪いあえば全ては死に絶え、愛し与えあえば全てが生まれます。世界中の人々と知恵を出し合い、行い、人格的成長を大切にする社会を創り、楽しみましょう」

これは一種の自己暗示のようなものですが、特定の宗教を持たない私なりに、地球と生命に対しての思いを日々確かめているのです。そんなシンプルな気持ちが、全ての原動力になっています。多分、今多くの人々が同じような想いを持っているのではないでしょうか。多くの皆さんと気持ちを重ね合わせながら、これからも進んで行きたいと思います。

大野拓夫

あとがき2

既存の官僚や政治家に任せてはダメ 市民による脱原発・緑の政党が不可欠

「なんて自分はバカだったんだ…」。２０１１年の東日本大震災による巨大地震と津波がきっかけで発生した、東京電力福島第一原発の事故が起きてしまってからでは遅すぎたのですが、本当にそう思いました。

私は、足かけ20年間、有機農業運動やオーガニック食品の流通事業に関わってきました。その理由は、慣行農業で使われている農薬や化学肥料などの化学物資が、人の健康や自然環境に対して一定の被害をもたらしているからです。特にこの10年ぐらいで有機リン系農薬に代わって日本中に広がった「ネオニコチノイド系農薬」の影響は深刻なようです。有機農家の方や養蜂家の方のお話では、ミツバチが巣箱ごと山になって死んだり、虫だけではなくそれを餌《えさ》とする鳥も減ってきたりしているそうです。強い農薬を使った田んぼでは、雑草だけでなく、たくさんいた生き物が姿を消してまさに「沈黙の春」が農村に訪れているとか…。そして、この残効性の高い農薬は、環境を汚染するだけでなく果物や野菜に残留し

て、子どもたちの脳神経系を犯す原因になっているという研究結果が米国の小児学会などで出始めているそうです。（黒田洋一郎氏。元東京都神経科総合研究所）

このような環境汚染の問題を少しでも減らしたいと思って、微力ながら無農薬・低農薬の環境保全型農業や有機農業の推進に取り組んできました。でも、福島原発はたった一回の爆発事故でこの20年間で減らせたであろう農薬のたぶん数億倍？の量の猛毒（放射性物質：セシウムやストロンチウム）を農業地域でもある東日本を中心に太平洋にも撒《ま》き散らしてしまいました。しかも、活動に入った地震列島にはまだ54基もの原発があります。「なんで、こんな危険なものをこんなにたくさん作らせてしまったのだろう？」「先に減らすべきは、恐ろしく環境や健康へのリスクが高い原発の方では？」と考え、原発事故のあった3月いっぱいで約20年勤めた会社を辞めて、脱原発を政治的に実現するために「緑の党」設立を目指す緑の政治運動に関わってきました。

セシウムは「目に見えない・臭いも味もしない」ものですが、前述したネオニコ系農薬もまったく同じです。環境を汚染するだけではなく未来を担う次世代の子供たちの健康（いのち）を著しく害するという点も共通しています。この問題は、全国の有機農業関係者や養蜂家、健康被害を受けた患者が訴えてもマスコミがほとんど報道しない点も同じです。フランスなど欧米諸国では「ネオニコ」が使用禁止になっている国もあることから、監督省庁に対して使える農薬リストから外して欲しいと依頼しても、聞き入れられない点も原発の問題と共通しています。このことを、環境エネルギー研究所（ISEP《アイセップ》）所長の飯田哲也さんの「原子力ムラ」になぞらえれば「農薬ムラ」と言えるのかもしれません。この他にも、無駄な公共事業で環境破壊につながるダム問題に関しては、天下りなどを通じてその利権構造を守る「河川ムラ」と呼ぶべき政・官・財の癒着体制があることを、体を張って闘っている滋賀県知事、嘉田由紀子さんのお話で知りました。きっと「防衛ムラ」などもあるのでしょう。

日本には、このような業界と監督官庁と政治家が混然一体となって作り上げてきた「ムラ構造」があらゆる分野に張り巡《めぐ》らされているのかもしれません。歴史を遡《さかのぼ》れば、この日本では「水俣病」「イタイイタイ病」、「薬害エイズ」問題など、甚大な社会的・人的損失を被《こうむ》った事件が繰《く》り返されてきました…。

■年間3万人が自殺に追い込まれる国。原発事故に誰も責任をとらない社会。

昨年3月に起きた福島原発の事故を受けて、ドイツでは10年後の原発廃止を政治決断しました。一方、あれだけ悲惨な事故を起こした日本では、せっかく定期検査で5月に稼働がゼロになったのに政府が大飯原発の再稼働を強行しました。でも、この非人道的で費用にしても天文学的な損害をもたらし続けている原発事故の責任を誰が取ったのでしょうか？　事故を起こした東電の元社長が5億円の退職金を得て辞めたことは周知の事実ですが、これは福島の被災者の皆さんに払われるべきお金ではないのでしょうか。戦後、東電と一体となって政策を進めた

自民党と通産省（旧）の責任をなぜマスコミは追及しないのでしょうか？　電力会社による「地域独占」と「総括原価方式」は改められたのでしょうか？　東電と政府は家庭向け電気料金の約8・46％の値上げを決めました。福島原発事故の賠償と除染費用を私たち利用者が負担するのでしょうか。銀行など金融機関の貸手責任は？

25万人規模のデモで原発政策の息の根を止めたドイツですが、市民がデモなどを通じて政府に対して意思表示をするようになったきっかけは、第二次世界大戦の際に起きたヒットラーのナチスによる犯罪的行為を引き起こした「大人世代を信じるな」という運動があったといいます。1968年世代の学生たちは、政府が間違っている場合の「不服従の権利」を主張。この68年世代が1970年代に台頭した反戦・平和運動や環境運動、男女同権運動など新しい社会運動を牽引《けんいん》して、緑の党結成につながりました。

原爆の投下によって敗戦を迎えた日本では、戦後70年近くをかけて官僚と政治家、財界とマスコミと学会という国の指導層が残念ながら「原発と放射性廃棄物」に蝕《むしば》まれた経済や国民の生命や健康をないがしろにする社会をつくってしまいました。そのツケは、約1000兆円の借金を含めて若い世代が負うことになります。今回の福島原発事故による被害や、その後明らかになる杜撰《ずさん》な行政を考えても、若い世代は、「もう古い世代は信用してはいけない」というぐらいの深刻な事態ではないでしょうか。

私も「科学技術の粋を集めた難しい原発のことは自分にはわからないから、頭のいい東大教授や優秀な大手電機メーカーの技術者に、エネルギー政策は東大を卒業したような霞ヶ関の官僚や永田町の政治家の皆さんに任せておけば大丈夫だろう」と思っていました。でも、残念ながら彼らに「お任せ」してきたから、こんな悲惨な事故が起きてしまったのです。しかもこの10年間で経済格差がさらに拡大して、毎年3万人以上もの人が自殺に追い込まれてきたのです…。

生き延びたければ、もう既存の官僚や政治家だけに任せていてはダメなことは明らかです。自分たちで、身の回りでやれることからでも始めて行く必要があります。32万筆の署名を集めきった原発都民投票や、子供たちの学校給食の問題で地元の議員に掛け合うお母さんたちのように…。

この本でご紹介したのは、そんな具体的でとても大事な活動に取り組んでいる皆さんです。そして、脱原発を政治的に実現し、子どもや家族の健全ないのちを守るためには、これまで選挙に行かなかったような若い有権者が投票に行くことや、市民の力を大結集して脱原発・緑の政党をつくることも不可欠です。この本が、その実現に向けた一助になることを心から祈っています。

郡山昌也

御礼に代えて

ほんの木「もう原発はいらない」編集部

2011年9月からスタートしたこの本ですが、春に発売する予定が夏に入ってしまいました。長い間お待たせをしてしまい、多くの、事前予約＆ご入金頂いた皆様に、また、ご寄付を下さった方々に、心より御礼とおわびを申しあげます。皆様のご支援を励みに、二人の編者も「ほんの木」もこの本の編集を重ねてきました。

私共「ほんの木」には十分な出版資金がなく、やむをえずまた、失礼を省みずに、事前にご予約を頂き、かつ本の代金を頂戴するという、まことにあつかましい新しい方式を、チラシや「反＆脱原発新聞　子どもたちの声」(2011年7月発行) その他でお願いをし、多くの皆様からご協力を頂き、この本の出版が実現しました。脱原発、廃炉への強い想いが伝わってきた日々でした。本当にありがとうございました。

全国各地でデモをやっても政治に声が届かない。官邸前に毎週金曜日夕方6時〜8時に脱原発の市民が、あれほど集まっても、政治も、国家権力である霞ヶ関の官僚たちは、ビクともしない。

かくなる上は、選挙しかないのです。そこで、この『もう原発はいらない！』のインタビューにご登場の心ある方々、そして他の多くの緑の人々が互いに動き始め、本の中身と現実の緑の人々の運動が同時進行となりました。この本の狙いも、様々な背景を持つ、脱原発への想いを同じくする人々が、一緒に力を合わせ、バラバラの丸太がひとつのイカダになってゆくイメージで作られました。原発再稼働ストップ、脱原発、そして廃炉をめざし、緑の仲間をより多勢ネットワークし、原発を推進する政治、経済界、財界、そして官僚、原子力村帝国にぶつかりたいと思います。未来の世代のため、子どもたちのため、あきらめない。私たちは責任を果たしたい、願いはひとつです。

脱原発、一票一揆！

なお、本文中の用字表記につきましては、各組織、または、ご登場者のご希望で、若干不統一がありますのでご了解下さい。

お読みになった皆様へ
脱原発、緑色のさしこみハガキ、ご活用のお願い

この本には、１冊に１枚の緑色のハガキがさしこみされています。
ぜひご活用頂きたく、お願い申しあげます。

脱原発の候補者選び市民投票

●脱原発の来たるべき選挙に「この人に立候補して欲しい」という人がいましたらご記入ください。緑の市民による人材開拓？　というか、よりふさわしい市民の代表を探し、立候補をお願いをするための参考にさせて頂きたいのです。（複数名も可）

編者の大野拓夫、郡山昌也の全国出前フォーラム

●予算と日程、内容次第で、どこにでも出前講座、集い、ワークショップ、フォーラムにうかがいます。大野か郡山か、ふたり一緒か等、テーマも含めご希望の方はお知らせください。アレンジ致します。

反＆脱原発新聞「子どもたちの声」（無料新聞）をご入用の方へ

●８月中に第２号を発行します。フリーペーパーです。地域で、イベントや集いでお配り頂ければ幸いです。必要部数をハガキにご記入ください。出来上り次第お送り致します。

この本のチラシをお配り頂けませんか

●この本をより広く、多くの方にお読み頂き、脱原発へのはずみを、運動を全国各地で展開して頂きたく、心よりお願い致します。

ありがとうございました。

ほんの木　編集部

少し長いプロフィール

郡山昌也

1966年東京生まれ・鹿児島育ち。国際NGO（IFOAM：国際有機農業運動連盟）前世界理事、名誉シニアフェロー。元らでぃっしゅぼーや（株）広報次長。福島原発の事故を経験し、有機農業と原発は両立しないことを痛感し、「緑の党」設立運動に参画。大学非常勤講師。緑の党運営委員（広報・国際関係担当）。ロンドン大経済政治大学院（LSE）政治学研究科修了。グローバル政治学修士（地球市民社会論）。早稲田大学大学院社会科学研究科修了。学術修士（比較環境政治）。英国エマーソンカレッジ卒業。和光大学卒業。ドイツ・イギリスのオーガニック農場に学ぶ。

第1回（2001年豪州）と3回（2012年セネガル）の「グローバルグリーンズ会議（緑の党世界大会）」に参加、世界の緑の党議員と交流する。2009年の「国連生物多様性条約第10回締約国会議（COP10/名古屋）」にIFOAMを代表して参加。有機農業の有効性をアピールした。2012年の「国連持続可能な開発会議（リオ＋20地球サミット）」では「グリーン経済」の成功事例として有機農業とオーガニック産業を紹介。福島原発事故を経験した日本から、環境NGOの仲間と共に世界の脱原発を訴えた。

大野拓夫

1968年愛知県生まれ。1988年から新聞配達などで生活費、学費を得ながら、駒沢大学文学部地理学科を卒業。在学中、東京でのアースデー立ち上げに参加。1990年、仲間たちと学生環境サークル「グループ環」を設立。環境から働き方を考える就職ガイド「環太郎の会社ここが知りたい」をダイヤモンド社より出版（92年）。1991年、仲間と共に、国際的な青年の環境活動の窓口として「A SEED JAPAN」（ア・シード・ジャパン）を設立。1992年大学を卒業し、7月よりお茶の水の自然食品店「GAIA」に勤務。1994年、全国の仲間と、全国青年環境連盟「エコ・リーグ」設立。1995年、(株)武蔵林業社に勤務。長野県大町市で「森のくらしの郷」設立に参加。

2000年、川田悦子衆議院議員（当選）の選挙に関わる。2001年第1回「緑の党世界会議（豪州）」に参加。その後、参議院議員中村敦夫氏の「環境政党みどりの会議」設立に参加。2007年と2011年横浜市議選に挑戦。（共に次点）小田原で無農薬みかんの耕作放棄地に入り運営開始。2012年から（株）第一総合研究所研究員。菅直人前総理顧問の自然エネルギー研究会事務局長。（5月より一般社団法人化）

もう原発はいらない！

2012年8月11日　第1刷発行

編著者――――郡山昌也・大野拓夫
企画――――㈱パン・クリエイティブ
プロデュース――――柴田敬三（編集・制作）
発行人――――高橋利直
総務――――岡田承子
営業・広報――――野洋介
発行所――――株式会社ほんの木
〒101-0054　東京都千代田区神田錦町3-21　三錦ビル
TEL 03-3291-3011　FAX 03-3291-3030
郵便振替口座 00120-4-251523　加入者名　ほんの木
http://www.honnoki.jp/
E-mail　info@honnoki.co.jp

印刷　中央精版印刷株式会社

ISBN978-4-7752-0082-7

定価 2,100 円（税込）
四六判 / 288 頁

わたしの話を聞いてくれますか

大村祐子著（ひびきの村前代表）

葛藤の末に出会ったシュタイナー思想。42 歳からのアメリカ・サクラメントのシュタイナーカレッジへの「子連れ留学」など、多くの困難と喜びにあふれた 11 年間にわたる心の軌跡を、大村さんが丁寧に綴りました。清冽な筆致が感動を呼ぶ一冊です。

定価 2,310 円（税込）
四六判 / 368 頁

昨日に聞けば明日が見える

大村祐子著（ひびきの村前代表）

シュタイナーの 7 年周期説をわかりやすく具体的に解説。「なぜ生まれてきたのか？」「人の運命は変えられないのか？」その答えは、あなた自身の歩んできた道から見えてきます。過去を見つめ、より良き未来へ進むためのバイオグラフィー。心の癒し。

定価 1,680 円（税込）
A5 判 / 176 頁

空がこんなに美しいなら

大村祐子著（ひびきの村前代表）　（オールカラー版）

人と自然がやさしく共生するシュタイナー思想の共同体「ひびきの村」の四季折々の写真と、大村さんの珠玉のエッセイが織りなす「生命への賛歌」。老いも若きもすべての悩み多き人の心に、そっと寄り添う、魂をゆさぶる一冊です。

定価 1,680 円（税込）
A5 判 / 272 頁

家庭でできる シュタイナーの幼児教育

ロングセラー！

ほんの木編　**シュタイナーの入門書**

シュタイナーの 7 年周期説や 4 つの気質、遊びの大切さなど、家庭や幼・保育園などで実践できる、シュタイナー教育者ら 28 人の叡智がつまった一冊。入門書としておすすめします。

定価 1,575 円（税込）
四六判 / 224 頁

子どもが幸せになる 6 つの習慣

ほんの木編

健康、病気、食、心と脳など、子どもが本来持っている生命力を引き出す正しい生活習慣を、陰山英男さん、幕内秀夫さん、真弓定夫さん、毛利子来さんなど 18 人の専門家が紹介します。シンプルでわかりやすく、誰もがご家庭でできると評判です。

ご注文・お問い合せ　ほんの木　TEL 03-3291-3011
FAX 03-3291-3030 メール info@honnoki.co.jp

定価 1,470 円（税込）
四六判 / 240 頁

市民の力で東北復興

ボランティア山形 著　　　災害・震災に強くなる本

東日本大震災後、福島県からの約 3800 人の原発事故被災者を受け入れた山形県米沢市。的確・迅速かつ心のこもった支援活動が大きな評判を呼びました。その活動の中心を担った「ボランティア山形」の理事 4 人が、自らの貴重な経験から、今後の災害ボランティアのあり方を示します。

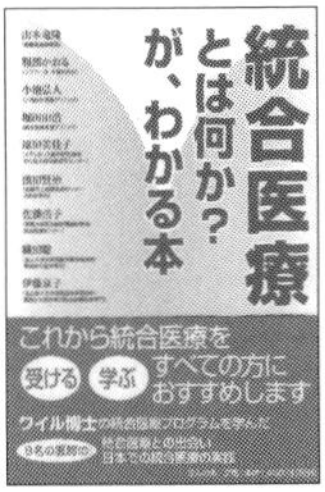

定価 1,470 円（税込）
四六判 / 240 頁

統合医療とは何か？ が、わかる本

日本アリゾナ大学統合医療プログラム修了医師の会 編

代替医療の世界的権威であるアンドルー・ワイル博士に学んだ九人の医師たちがまとめた一冊。既存の西洋医学と補完代替医療の中から、患者にとって本当に必要な治療を提供する「統合医療」についてわかりやすく紹介しています。「統合医療」を学ぶ方、治療を受けたい方どちらにもおすすめです。

定価 1,575 円（税込）
四六判 / 272 頁

私、フラワー長井線「公募社長」野村浩志と申します

野村浩志 著（山形鉄道株式会社 代表取締役社長）

元旅行会社の支店長が、赤字続きの第３セクター鉄道の公募社長に就任。サラリーマン時代に培った数々のアイデアと、強力な実行力、営業力、そしてそれを支える熱い想いが、本や講演を通し、多くの人々の感動を呼んでいます。

定価 1,470 円（税込）
A5 判 / 176 頁

政権交代、さあ次は世襲政治家交代！

ほんの木 編

今なお政界に居残る多すぎる「世襲政治家」たち。日本の「アンフェア」の象徴とも言える彼らの問題点を、インタビューや海外事例の紹介、専門家による鼎談などから多角的に明らかにしていきます。巻末には、世襲政治家リストも収録。真の民主主義を目指す第一歩にしたい一冊。

ご注文・お問い合せ　ほんの木　TEL 03-3291-3011
FAX 03-3291-3030 メール info@honnoki.co.jp